内河港航工程研究论丛

低水头综合枢纽水库调度技术

普晓刚　张　丽　彭　鑫　张　明◎著

**RESERVOIR OPERATION
TECHNOLOGY OF LOW HEAD
COMPREHENSIVE JUNCTION**

人民交通出版社股份有限公司
China Communications Press Co.,Ltd.

内 容 提 要

本书依托湘江长沙综合枢纽科研服务项目"湘江长沙综合枢纽工程水库运行调度关键技术研究"的研究内容进行编写,共分为7章。全书以低水头综合枢纽水库调度技术研究为主线,总结和分析了国内外水库调度技术的研究现状和存在的问题,结合低水头枢纽水库调蓄水量能力小,水头波动幅度与水头相对值较大等特点,建立了低水头枢纽水库多目标优化的理论和方法,构建了多目标综合效益最大化调度模型,并将其应用于长沙综合枢纽工程水库优化调度,达到为工程辅助决策和运行服务的目的。

本书可供从事水库调度专业的管理、设计、科研人员参考使用。

图书在版编目(CIP)数据

低水头综合枢纽水库调度技术 / 普晓刚等著. — 北京 : 人民交通出版社股份有限公司,2017.5
ISBN 978-7-114-13840-9

Ⅰ. ①低… Ⅱ. ①普… Ⅲ. ①低水头—水利枢纽—水库调度—研究—长沙 Ⅳ. ①TV697.1

中国版本图书馆 CIP 数据核字(2017)第 112982 号

内河港航工程研究论丛

书　　　名:低水头综合枢纽水库调度技术
著　作　者:普晓刚　张　丽　彭　鑫　张　明
责任编辑:崔　建
出版发行:人民交通出版社股份有限公司
地　　　址:(100011)北京市朝阳区安定门外外馆斜街 3 号
网　　　址:http://www.ccpress.com.cn
销售电话:(010)59757973
总 经 销:人民交通出版社股份有限公司发行部
经　　　销:各地新华书店
印　　　刷:北京鑫正大印刷有限公司
开　　　本:720×960　1/16
印　　　张:5.75
字　　　数:94 千
版　　　次:2017 年 5 月　第 1 版
印　　　次:2017 年 5 月　第 1 次印刷
书　　　号:ISBN 978-7-114-13840-9
定　　　价:34.00 元

前　言

　　水库调度作为一种控制运用水库的技术管理方法,是水库工程管理的主要环节之一。水库调度的理论与方法是随着 20 世纪初水库和水电站的大量兴建而逐步发展起来的,并逐步实现了综合利用和水库群的水库调度。在调度方法上,1926 年苏联 A. A. 莫洛佐夫提出水电站水库调配调节的概念,并逐步发展形成了水库调度图。这种图至今仍被广泛应用。20 世纪 50 年代以来,由于现代应用数学、径流调节理论、电子计算机技术的迅速发展,使得以最大经济效益为目标的水库优化调度理论得到迅速发展与应用。随着各种水库调度自动化系统的建立,水库实时调度达到了较高的水平。

　　我国自 20 世纪 50 年代以来,水库调度工作随着大规模水利工程建设而逐步发展起来。大中型水库比较普遍地编制了年度调度计划,有的还编制了较完善的水库调度规程,研究和拟定了适合本水库的调度方式,逐步由单一目标的调度发展为综合利用调度,由单独水库调度开始向水库群调度方向发展,考虑水情预报进行的水库预报调度也有不少实践经验,使水库效益得到进一步发挥。丰满水电站、丹江口水利枢纽、三门峡水利枢纽等水库的调度工作都积累了不少经验。

　　湘江长沙综合枢纽工程为低水头径流式电站、开敞式闸坝、槽蓄型水库,洪水期敞泄。该类型枢纽工程与中、高水头水电站相比,水库调蓄水量的能力小,水头的波动幅度与水头的相对值较大,水头波动幅度受电力、航运、给水等多部门限制。因此,低水头枢纽水库调度应当是在满足各种限制条件下,尽量取得容量与电量相协调的最好效益。

　　本书在总结和分析水库调度研究现状和存在问题的基础上,结合长沙综合枢纽工程的特点,分别建立以发电量最大为单一目标和以提高下游通航保证率为单一目标的长沙综合枢纽调度模型;构建多目标综合效益最大化调度模型;总结提出了长沙综合枢纽水库优化调度方案与建议;最后对水库调度技术进行了展望。

本书研究成果应用于湘江长沙综合枢纽工程水库运行调度,协调了各兴利因子(如航运、发电等)之间的关系,提供了长沙综合枢纽多目标调度决策方案,达到了为工程辅助决策和运行服务的目的。此外,本书研究成果丰富了国内外低水头枢纽水库运行调度的成果及理论,结合工程的实际情况,建立的径流式航运枢纽水库运行多目标调度模型及其求解方法可供其他类似工程借鉴和参考。

水库优化调度技术是一个多目标、大规模、较复杂的系统工程,国内外学者已做了大量研究,但目前仍是研究的热点和难点。本书主要对低水头综合枢纽水库调度技术进行初步研究,限于作者水平,书中难免有欠妥和不当之处,希望读者批评指正。

作　者
2017 年 3 月 20 日

目 录

第1章 绪 论

1.1 项目背景及研究意义

我国河流众多,水能资源丰富,总蕴藏量位居世界之首。随着社会的不断发展,经济和人口不断地增长,水量和电量的需要也在逐年增加。但是水头较高的水电资源能利用的已经越来越少,而在河流中、下游以水资源综合利用开发为目的的低水头电站的建设日益增多。低水头电站常修建于河流的中、下游段或平原河流,为城市给水、城市防洪、环境美化、灌溉及通航等发展做出了重要贡献。

从发电运行特性来看,低水头电站水库调节径流能力低,多数属径流式水电站。低水头径流式水电站的运行一般具有以下一些特点:水电站上游有很小的调蓄水量的能力,可以进行有限制的日径流调节,可以参与电力系统的调峰,调峰运行使水电站下泄不均匀的流量,由于水头低,与中、高水头水电站相比,在相同出力波动幅度情况下,流量波动幅度较大,因而下游水位波动幅度也较大,上游因调蓄能力很小,水位波动幅度也较大,因而水头的波动幅度与水头的相对值较大。

对电力系统而言,发挥水电站的调峰作用具有经济性和可靠性,调峰幅度应大些,但是受到较多的限制,调峰幅度大则水头波动幅度大,相应造成水电站过大的水头损失而降低电量效益;上、下游水位波动幅度,特别是下游可能受到航运、给水和其他部门的限制。因此低水头径流式水电站的优化运行应当是在满足各种限制条件下,尽量取得容量与电量相协调的最好效益。与高、中水头水电站相比,低水头径流式水电站需要对水库的运行方式进行优化调度研究,以获得显著的综合效益。

湘江是长江中下游一级支流,自古以来就是湖南省联系长江中下游重要的水运通道。改革开放以来,随着湖南省社会经济发展进程的加快,全省上下一致认识到将湘江建设成一条高等级黄金航道对全省国民经济的发展,尤其是长(长沙)、株(株洲)、潭(湘潭)社会经济发展示范区的建设起着至关重要的作用。

长株潭城市群地处湖南省中东部、湘江下游,区间有便捷的水、陆、空立体综合交通运输网络。三市国内生产总值占全省的37.9%,在近年全国城市综合实力排名中分别位于第14、56、83位。三市主导产业互补性强,在国内具有较大优势,在省内是带动湖南经济发展的核心增长极。2007年12月,长株潭城市群获批全国资源节约型和环境友好型社会建设综合配套改革试验区。湖南省委省政府主要领导提出:"良好的生态环境是湖南的最大优势,这种优势不可复制。一定要使长株潭'两型社会'试验区形成自己的生态特色,努力打造具有国际品质的现代化的生态型宜居城市"。

"两型社会"建设的重要内容、长株潭城市群的发展主轴之一,是湘江生态经济带的开发与建设。长株潭湘江生态经济带连接三市主市区湘江两岸,绵延130多公里,有100多座山峦、15个洲岛,连接了3个大城市和12个小城镇,是一个集多种功能于一体的带状经济综合体。

生态经济带建设的目标是将沿江建设成为现代化产业发达、景观环境优美、投资环境良好、适宜人类居住和旅游休闲的生态经济走廊。主要内容是沿湘江两岸布局建设一批高新技术产业区、现代农业生态区、农业园旅游观光区和自然生态保护区;建设高标准的沿江风光带和绿色休闲长廊、高品位住宅区、中心小城镇、生态旅游景点等;全面进行湘江河流的开发和航运码头的建设;统一规划并加大治理沿江的污水、污物的力度,治理两岸与河道的脏、乱、差现象,美化生态环境;改善水质和水环境。

近年来湘江长株潭河段枯水期水文情势发生重大变化,枯水水位较2000年以前明显降低(约1m),但水量却略有增加,给城镇供水带来很不利的影响,严重制约长株潭地区经济发展;且长达6个月的枯水期,裸露的河滩、河床呈现出脏、乱、差等有碍观瞻的景象,仅靠两岸修建沿江风光带,难以彰显"山、水、洲、城"的生态城市特色。

近年来湘江长株潭河段枯水期水位降低明显,航道水深条件恶化,航道等级实际上达不到Ⅲ级标准,远远不能适应船舶迅速大型化发展的实际状况,不能满足社会经济发展带来的水运量发展对航道通过能力的要求,而湘江航道资源的开发和利用还远不够充分,仍有较大的开发潜力。

湘江长沙综合枢纽的建设,可以保障在全年各时段均有足够的水量,稳定、宽阔、清澈、壮观的水面,确保满足长株潭湘江河段及滨水带的生态开发建设和供水要求,并与已建的株洲枢纽和大源渡枢纽一起渠化湘江黄金水道,改善航道条件,提高航道等级和航运能力。

湘江长沙综合枢纽工程是《湘江干流规划》(1986年)9级梯级开发中最下游一个梯级(图1.1-1),坝址位于湘江尾闾蔡家洲,控制流域面积90520km²,上距株洲枢纽约133km,下距入汇洞庭湖的濠河口约28km。确定的开发任务为:

提高株洲航电枢纽以下河段的航道标准和改善航运条件,适当抬高库区城市枯水水位,促进长株潭经济一体化的发展和湘江生态经济带的开发与建设,美化沿江环境,满足沿江两岸生活和工农业生产用水需求,并改善其取水条件,改善长沙市湘江两岸的交通状况等。

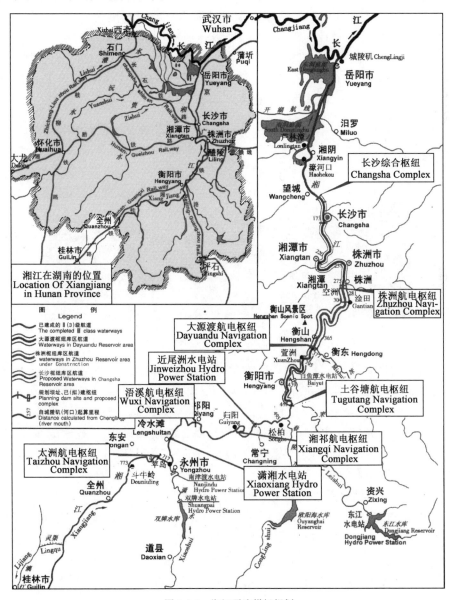

图 1.1-1 湘江干流梯级规划

长沙综合枢纽属Ⅰ等大(1)型工程,主要建筑物为1级。洪水标准采用100年一遇设计,500年一遇校核。枢纽工程(图1.1-2)从左至右主要建筑物依次为左岸改移防洪大堤、左岸副坝及预留三线船闸、二线船闸、一线船闸、26孔净宽22m的低堰泄水闸、1孔净宽7m的泄洪排污闸、电站厂房、鱼道、蔡家洲副坝、20孔净宽14m的高堰泄水闸及右岸副坝。挡泄水坝段总宽度为1749.6m。电站装机容量为57MW,设计年发电量2.315亿 kW·h。湘江长沙综合枢纽工程为低水头径流式电站、开敞式闸坝、槽蓄型水库,不同于高坝大库,枢纽正常蓄水位29.7m时总库容为6.75亿 m³,上游株洲航电枢纽坝下通航设计低水位为29.70m(Ⅱ级航道、98%保证率),已基本衔接。

图1.1-2　长沙综合枢纽效果图

长沙综合枢纽工程建成后将成为全国独一无二的库区城市群,将极大地提高城市品位,促进长株潭经济一体化;该工程建设还可改善滨水区环境,培育一个绵延三市的沿江风光带。工程建成后可从根本上保证三市常年用水要求;湘江航运也将大大受益,128km 河段可全年达到二级航道标准;工程建成后,附属工程的电站总装机容量为57MW,年发电量为2.315亿 kW·h,可充分缓解湘江枯水期长株潭用电紧张的局面。

长沙综合枢纽属低水头径流式水电站,其水库调度需兼顾库区防汛防淹、城市供水、通航、景观、发电等目标,并力求使综合效益最大化,在整理、分析湘江干流水文特征与水文系统和长沙综合枢纽设计调度方案基础上,以经济和社会效益最优为目标,通过水库多目标优化的理论和方法,协调各兴利因子(如航运、发电等)之间的关系,提供长沙综合枢纽多目标调度决策方案,达到为工程辅助决策和运行服务的目的。

1.2 国内外研究进展

水库调度即水库控制运用。水库调度工作时根据水库承担的水利任务的主次及规定的调度原则,运用水库的调蓄能力,在保证大坝安全的前提下,有计划地对入库的天然径流进行蓄泄,以达到除害兴利、综合利用水资源、最大限度地满足国民经济需求的目的。

水库调度依据不同的用途、目的等可以分为不同的类别,按水库调度目标可分为防洪调度、兴利调度和综合利用调度;按水库数目可分为单一水库调度、水库群联合调度。

水库调度研究,按其采用的基本理论性质划分,可分为常规调度(或传统方法)和优化调度[1]。常规调度,一般指采用时历法和统计法进行水库调度;优化调度则是一种以一定的最优准则为依据,以水库电站为中心建立目标函数,结合系统实际,考虑其应满足的各种约束条件,然后用最优化方法求解由目标函数和约束条件组成的系统方程组,使目标函数取得极值的水库控制运用方式[2]。

1.2.1 常规调度

常规调度主要是利用径流调节理论和水能计算方法来确定满足水库既定任务的蓄泄过程,制定调度图或调度规则,以指导水库运行。它以实测资料为依据,方法比较简单、直观,可以结合调度和决策人员的经验和判断能力等,所以是目前水库电站规划设计阶段以及中小水库运行调度中通常采用的方法。但常规方法只能从事先拟定的极其有限的方案中选择较好的方案,调度结果一般只是可行解,而不是最优解,且该方法难以处理多目标、多约束和复杂水利系统的调度问题。

1.2.2 优化调度

为了充分利用有限的水资源,国内外从 20 世纪 50 年代起兴起了水库优化调度研究。其核心有两点:一是根据某种准则建立优化调度模型,二是寻找求解模型的优化方法。1946 年美国学者 Masse 最早引入优化概念解决水库调度问题。1955 年美国人 Little[3]采用 Markov 过程原理建立了水库调度的随机动态规划模型,并将其成功地应用到美国大古力水电站调度中,标志着用系统、科学的方法研究水库优化调度的开始。水库优化调度研究与入库径流过程紧密相关,按入库径流过程描述的特点,水库优化调度可分为显随机优化和隐随机优化两类途径。

（1）显随机优化调度

显随机优化调度的特点是将入库流量描述为某种类型的过程（如独立随机序列或马尔柯夫过程），然后基于径流的随机描述，建立水库优化调度的随机模型。如：Ubetkob 提出了类似于 Little 提出的随机动态规划模型，Gaessford（1958）等对该模型进行了改进，提出了机会约束条件下的模型[4]；Askew（1974）[5]、Rossman（1977）[6] 又用概率约束代替机会约束；Loucks 等（1970）[7] 提出无折扣马氏决策规划模型的策略迭代法；Butcher（1971）[8] 等改进了策略迭代法，用值迭代求解；Jcaobs 等（1995）利用 Benders 分解方法，解决了随机线性规划问题，并应用于于加利福尼亚北部的太平洋水库库群系统；Seifi andHipel 将两阶段随机线性规划方法应用于 Great Lakes Reservoir Systems，采用内插点的方法解决了大规模的问题。

我国水库优化调度始于 20 世纪 70 年代，首先进行的也是显随机水库优化调度研究。如谭维炎、黄守信（1963）[9] 根据动态规划与 Markov 过程理论，建立了一个长期调节水电站水库的优化调度模型，并在狮子滩水电站的优化调度中得到应用；张勇传、熊斯毅（1979）[10] 在建立柘溪水电站水库优化调度模型时，用时空离散简单 Markov 过程描述径流过程，面临时段入流则由短期预报提供，寻优方法采用可变方向探索法，虽然绘制优化调度图仍用 Bellman 最优化原理，但由于引进了惩罚项，因而提高了调度的可靠性；施熙灿、林翔岳等（1982）[11] 在研究枫树坝水电站优化调度时，提出了保证率约束下的 Markov 决策规划模型。李爱玲（1998）[12] 针对黄河上游梯级水电站群的兴利优化调度问题进行研究，对一多阶段非线性随机决策问题应用值迭代方法求解，由于对区间入流用"二元相关进行描述"，有效避免了"维数灾"问题；王金文、王仁权等（2002）[13] 等采用逐次逼近随机动态规划方法求解水库群优化调度，其基本思想是：每次仅对一个水库采用随机动态规划求解，假定其他水库的蓄水过程已确定为多年平均蓄水过程，并以闽江流域水电系统为例进行了研究。

同年，台湾海洋大学黄文政教授[14] 应用遗传算法结合随机动态规划方法，研究了台湾地区石门和翡翠水库的联合优化调度，结论是该方法虽能从一定程度上减轻"维数灾"，但计算时间还是过长；刘涵（2006）[15] 将电力系统研究中采用的序列运算理论应用到乌江梯级水库发电调度中，建立了水库随机调度的序列运算理论，提出了水库随机调度过程中各变量的序列化方法等。

（2）隐随机优化调度

隐随机水库优化调度的特点是采用人工生成的径流序列或历史径流序列作为入库径流的过程描述，采用确定性优化方法求解问题的最优解；然后将径流序列、最优运行轨迹相应的蓄水位状态序列及水库泄水决策序列等作为水库运行要素的实验观测数据,通过回归分析确定水库放水决策与相应的运行要素之间的回归方程作为水库的调度函数,用以指导水库运行调度。由上述可以看出,水库调度的确定性优化方法不能作为独立的优化调度途径,而是作为隐随机优化调度的一个重要组成部分。隐随机水库优化调度的常用方法有线性规划、非线性规划、网络分析、动态规划及其改进算法、模拟优化以及近年来兴起的智能进化算法、神经网络、模糊数学等方法。

Dorfman(1962)[16]首先提出了水库优化调度隐随机线性规划模型;Mannos等曾用线性规划模型直接寻求水库最优运行策略;Windsor(1973)[17]进行了水库群联合调度的线性规划研究,主要有非凸集性的二元规划、整数规划、混合整数规划等线性模型;Needham 等(2000)[18]将混合整数规划方法应用于 Lowa and Des Moins River 的水库调度时,指出该方法的计算效率很低;Williams 等将线性规划与动态规划相结合的模型(LP-DP)应用于加利福尼亚中心流域工程优化调度系统(CVP)的实时调度中等。

非线性规划能有效地处理处理许多其他数学方法不能处理的不可分目标函数和非线性约束问题,如逐次线性规划(SLP)、逐次二次规划(SQP)、增量拉格朗日方法、广义梯度下降法等。Barros 等(2003)把逐次线性规划方法应用于世界上最大的水电站 Brazilian 水电站,研究结果表明了该方法计算精度与计算时间都能满足调度需要;为了避免大规模二次规划问题由于时间间隔划分而产生的潜在的时间较长的问题[19],Peng and Buras(2000)[20]把隐随机方案的广义梯度下降法应用于美国莱茵河上游的梯级水库中,采用人工生成未来 12 个月的入库径流,从当前月开始计算得出优化调度决策,但是像其他隐随机优化方法一样,由于对每组人工径流系列只产生唯一一个决策,因此带有随机性的泄流规则难以实现;李寿声、彭世彰(1987)[21]结合一些地区的水库调度实际问题,拟定了一个非线性规划模型,用于解决满足多种水源分配的水库最优引水问题。大量研究结果表明,应用非线性规划求解梯级水库,通常需要进行线性化处理,存在计算时间较长的问题。

动态规划(DP)是由 Bellman(1957)提出的用于解决多阶段决策过程最优化问题的一种数学方法。它可以将复杂的初始问题划分为若干个阶段的子问题,逐时段求解,而水库调度正是一种与时间过程相关的典型动态多阶段决策过程,决策具有无后效性,所以动态规划是水库调度中应用最多的方法之一。1967 年美国学者 Young 首先提出用隐随机优化的方法寻求单一水库的运行规则,其采用的求解水库最优调的方法就是确定性动态规划;同年 Hall and Shephard 用确定性动态规划对美国加利福尼亚州的 Shasta 电站进行优化计算,获得了较为满意的效果;后来,Karamouz 等对 Young 提出的隐随机优化方法进行改进,在模型中增加了迭代程序,并研究应用模糊逻辑规划进行隐随机优化;1986 年,张玉新和冯尚友[22]建立了一个多维决策的多目标动态规划模型,以多目标中某一目标为基本目标,而将其他非基本目标作为状态变量处理,后来,他们又提出了一个称之为多目标动态规划迭代法的求解方法[23]。动态规划求解水库调度最大的缺点是随着计算时段数尤其是随着研究对象的增多,往往容易产生不可避免的"维数灾",为此,国内外学者提出了众多的改进方法。1957 年,Bellman 提出了动态规划的初网格内插技术;1962 年 Drefyus 提出了动态规划逐次逼近方法,该方法能将多维问题转化为一系列一维问题;1970 年,Jacbason and Mayne 提出了微分动态规划,利用解析法而不是离散状态空间来解决动态规划的维数灾问题[24];Larson(1968)[25]和 Heidari(1971)[26]分别提出了增量动态规划和离散微分动态规划,每次寻优只在某个状态序列附近的小范围进行;1981 年,Turgeon 提出了逐步优化算法[27],其优点是状态变量不必离散,缺点是计算结果以及计算时间受初始轨迹线的影响[28]。另外随着计算机技术的发展,针对维数灾的问题,又提出了一些新的解决方法。如徐慧(2000)[29]采用动态规划模型,以最大削峰为准则,利用巨型计算机的高速度和大容量的优势,解决了优化计算中的"维数灾"问题,建立了淮河流域 9 个大型水库联合优化调度的数学模型;毛睿等(2000)[30]提出了采用基于并行分布式计算的高性能计算方法进行库群优化调度,计算结果大于常规调度,并能大大降低计算时间。

随着系统科学及计算智能的发展,又出现了多种求解水库优化调度的新方法。1981 年,张勇传利用大系统分解协调观点对并联水库水电的联合优化调度问题进行了求解;1982 年,叶秉如等提出了并联水电站年最优调度的动态解析法;同年,黄守信等提出了以单库优化为基础的两库轮流寻优法;1983 年,鲁子林将网络分析中的最小费用法用于并联水库的优化调度;1984 年,张勇传、邴凤山等把模糊等价聚类、模糊映射、模糊决策等引入水库优化调度研究中;1986 年,董子散等提出了计入径流时空相关关系的多目标多层次优化法;1987 年,沈晋、颜竹丘等将大系统递阶控制理论应用到梯级水库优化调度中;1988 年,胡振鹏提出了动态大系统多目标递解分析的分解—聚合方法;1993 年,胡铁松提出了水库的调度的人工神经网络模型;1996 年,马光文等将遗算法应用到梯级水库优化调度中;Taha. ismail 等构造了 BP 与基于知识的组合系统应用于水库调度中;针对水库调度中的风险,Hogan 将可靠性以决策变量形式考虑,引进风险损失函数,提出了水库可靠性规划理论,Slobodan P. 将其扩展到了多用途水库系统,提出了可靠性规划模型的两层算法;Chang FJ(2000)[31]提出了水库优化调度的灰色模糊动态规划模型;周晓阳(2000)[32]等提出水库系统辨识型优化调度方法;张双虎等(2004)[33]将并行组合模拟退火组合算法应用到水库调度中,研究结果表明该方法明显优于标准遗传算法;徐刚等(2005)[34]将蚁群算法应用到水库优化调度中;武新宇(2006)[35]提出了水电站群优化调度的两阶段粒子群算法,并将其成功应用到云南电网主力水电站群的优化调度中等。

由前述国内外水库调度研究的发展过程来看,在早、中期偏向于理论研究,研究内容主要集中在两个方面:一是如何建立调度模型,二是寻找求解模型的方法。经过几十年的研究与发展,水库优化调度形成了由单库向多库、单目标向多目标发展的趋势。水库多目标优化调度模型的求解一般有两类方式:一类是通过约束法、权重法、隶属度函数法等方法将多目标问题转化为单目标问题进行求解;一类是运用多目标进化算法进行求解。近十几年来,随着水库优化调度方法在理论研究上日渐成熟和完善,理论研究更注重与生产实际的结合,注重理论研究成果向生产实践的转化,以弥补理论研究与生产实际应用的"鸿沟"。

1.3 存在的问题

水库优化调度是20世纪50年代左右兴起的一门学科,在这几十年中世界各国的专家、学者以及研究人员,利用各种手段,对水库优化调度进行了广泛的、有益的探索,取得了一些可喜的、杰出的成就,但直到目前尚未形成成熟统一的优化调度手段。究其原因,一方面在于不同的水库水电站系统在调节性能、系统结构、运行目标等方面差异巨大,而固定的优化调度理论难以满足实际系统的复杂、多变、不确定性及动态性特征,优化模型不能很好地描述水电系统的实际工况;另一方面,当前的优化调度研究侧重于理论方法的探讨和改进,模型复杂,但在实际运行中难以推广,造成了理论优化水平和实际运行之间的鸿沟。目前水库优化调度中存在的问题主要有以下几个方面:

(1)水库优化调度中径流预报精度不高。径流形成的影响因素非常多,比如降雨、地表状况等。现在长时间天气预报的精度尚且不高,所以长期降雨预报的精度就更难达到要求,径流的多少与降雨的多少有着直接的关系,所以长期径流预报就更难达到水库优化调度的要求。目前径流预报的局限性主要表现在两个方面:一是预报的精度低,二是预报的时间短。这两者是此消彼长的关系,要想增加预报的精度,就要缩短预报时间的长度;若要增加预报的长度,就要降低对精度的要求。鉴于径流预报在水库中长期优化调度中的重要性,所以径流预报的局限性必然会影响水库优化调度的进一步发展。

（2）在水库优化调度中应用众多优化理论，但理论研究不够深入。水库水电站优化调度是优化理论应用研究最为广泛的领域之一[36]，运筹学、最优化理论、预测理论及控制论等领域的理论算法基本都能找到其在水库调度领域的应用研究。但一些研究主要追求应用计算或方法移植，对理论本身的理解和思考不够深入，计算结果也难以具有很好的说服性。

（3）优化调度理论与生产实际存在脱节现象。虽然水库优化调度的研究在国外已有五六十年的历史，中国也有几十年的研究历史，在这个过程中取得了很多杰出的成就，水库优化调度也取得了长足的发展，但是这些研究主要集中在对理论、方法、模型等方面的创新与改进，而真正能够进入实用阶段，指导水库优化调度的方法却很少，很多理论并没有转化成生产力，没能起到理论指导实践的作用。对于造成这种局面的原因主要有以下几个方面：首先，有些理论过于追求高水平、高难度，增加了生产者理解的难度，为理论在生产中的应用增加了难度；其次，有些模型存在较大的缺陷，比如，有些模型把一些实际环节简化和假设太多，虽然模型理论上取得了很好的结果，但在实践中却无法应用，优化结果偏离实际，而另外一些模型又过于复杂，在实践中操作极其不方便；再次，有些理论过于追求最优解，忽视了水资源系统性、随机性、复杂性等一系列因素，也没有考虑到水库管理者的偏好问题以及社会的局部利益，致使这些理论在应用到实践的过程中受到了很大的阻力；最后，受限于生产实践实施者的理论水平、业务素质以及现行的各种不合理的管理体制，这些因素也都阻碍了理论成果在生产实践中的推广。

（4）对优化调度的运行效益评价不够全面，因素灵敏度分析不充分。目前，许多水库水电站群优化调度研究重视新理论的应用和改进创新，在优化理论方面取得了很大的成果，而对于优化调度结果的评价则略显单薄。优化调度成果效益的提高与诸多因素相关，如算法的优劣、径流预报精度、案例选取等，各因素对优化调度的影响方式对实际运行有重要的指导作用，值得深入探讨和总结，但目前这方面的量化和总结性工作也较为缺乏。

以上仅从径流预报精度、理论研究、生产实际及运行效益评价等方面深入分析了目前水库优化调度存在的问题，除了上述方面外，还存在一些其他方面的不足，需要长期的努力来研究和解决。

1.4　本书的主要编写内容

本书在总结和分析水库调度的研究现状和存在问题的基础上，结合长沙综合枢纽工程的特点，提出了研究的相关内容。

长沙综合枢纽属低水头径流式水电站,若按照设计水库运行调度方案(蓄水期正常蓄水位与死水位均为29.7m,洪水期敞泄)运行,水库基本无调节能力。考虑到本枢纽工程开发任务为保证长株潭城市群生产生活用水、适应滨水景观带建设和进一步改善湘江航运条件为主,兼顾发电、旅游等的水资源综合利用,而单一的蓄水位和无调节能力的水库运行方式不利于枢纽综合利用效益充分发挥,为此需结合本枢纽工程的特点,开展水库运行调度优化研究,提高水库的运行管理水平,在不增加额外投资的条件下,以获得显著的综合效益。

长沙综合枢纽工程具有以下特点:

①本工程水库死水位确定主要考虑枯水期与上游已建株洲枢纽船闸下游设计最低通航水位(29.7m)衔接,而随来流量及水位增加,长沙枢纽坝前蓄水位适当降低后,株洲枢纽船闸下游航深亦能满足要求,进而使水库在一定的流量范围内具有一定的调节能力。

②长沙综合枢纽为低水头径流式水电站,该类型水电站基本不调节径流,按来水流量发电。当来水量大于电站水轮机过水能力时,会产生弃水;当来水量小于水轮机过水能力时,有部分装机容量因缺水而不能被利用。因此,径流式水电站运行具有弃水多的特点,水量利用系数一般较低。对于此类型的水库,若水库具有一定的调节能力后,在满足水库其他功能要求的前提下,可以通过一定的水库调节减少弃水,充分利用来水量发电,提高水库的综合利用效益。

本书研究在整理、分析湘江干流水文特征与水情预报系统和长沙综合枢纽设计调度方案基础上,分别建立以发电量最大为单一目标和以提高下游通航保证率为单一目标的长沙综合枢纽调度模型;在此基础上构建多目标综合效益最大化调度模型;总结提出了长沙综合枢纽水库优化调度方案与建议;最后对水库调度技术进行了展望。本书研究的主要内容如下:

(1)湘江干流下游水文特征及长沙综合枢纽设计调度方案的分析研究

在整理、分析湘江干流水文特征与水情预报系统基础上,分析长沙综合枢纽设计调度方案特征。

(2)长沙枢纽水库淹没范围控制研究

①建立株洲枢纽至长沙枢纽间长河段二维水流数学模型,并进行模型率定。

②依据设计确定的长沙枢纽水库淹没范围控制方案,计算出水库淹没范围控制线(长沙综合枢纽为低头径流式水电站,在湘江干流100年一遇至2年一遇各频率洪水回水在坝前均已尖灭,水库淹没范围按开闸预泄回水外包线确定)。

③计算满足长沙枢纽库区规划Ⅱ航道水深要求条件下坝前不同蓄水位对应的最小流量。

④计算库区控制断面处(湘潭水文站)以不增加水库淹没损失的坝前蓄水位与坝址流量关系,确定长沙枢纽预泄的动态控制水位调度线,为后续水库优化调度提供边界约束条件。

(3)以发电量最大为目标的长沙综合枢纽调度模型及方案研究

天然径流的随机特性,决定了水库调度决策过程的多阶段性。以年发电量最大为目标函数,建立水库优化调度的数学模型,并用动态规划方法进行求解。动态规划方法可以从中找出一个最优的决策组合,即一个最优策略(调度方案)。优化长沙综合枢纽丰水年、中水年、枯水年各典型年调度方案。

(4)以保障下游航运基流提高通航保证率为目标的长沙综合枢纽调度模型及方案研究

首先分析坝下 2000 吨级航道整治后所需最小通航流量;然后以历史最枯年份为代表年,分析上游来水量小于坝下最小通航流量时的补水调度方案。建立以提高下游通航保证率为单一目标的长沙综合枢纽枯水调度模型,优化长沙综合枢纽在典型年枯水期的调度方案。

(5)长沙综合枢纽水库多目标调度决策与方案研究

对于单目标优化问题的求解已经有较为成熟的解法,人们力图将多目标优化问题转化成一个单目标优化问题进行求解。本书研究采用"化多为少法",将发电量最大作为目标函数,增加相关目标约束条件,采动态规划法求解。

(6)水库调度技术的展望

水库优化调度技术是一个多目标、大规模、复杂的系统工程,国内外学者已做了大量研究,但目前仍是研究的热点和难点。本书从水库调度中的不确定性问题、基于规则的优化调度方法、多目标问题、高新技术应用研究等方面对水库调度技术进行了展望。

第2章 流域及工程概况

2.1 流域概况

2.1.1 自然地理概况

湘江又称湘水,是长江七大支流之一,也是湖南省境内最大的一条河流。湘江发源于广西临桂县海洋坪的龙门界,流经广西兴安、全州,于湖南省东安县下江圩进入湖南。沿途经永州、冷水滩、衡阳、株洲、湘潭、长沙至湘阴的濠河口注入洞庭湖,与资、沅、澧水相汇,沿东洞庭湖湘江洪道经岳阳至城陵矶入长江。其间纳入了潇水、舂陵水、蒸水、耒水、洣水、渌水、涓水、涟水、浏阳河、捞刀河和沩水。湘江流域面积为94660km²,其中湖南境内约占90.2%,湖南省境内湘江流域面积占全省面积的40%;湘江全长856km,湖南省境内长670km;河流平均坡降0.134‰。近年来习惯将濠河口至城陵矶113km湘江洪道归于湘江干流,则湘江全长969km。

湘江流域位于东经110°31′~114°,北纬24°31′~29°之间,地处长江之南,南岭之北,遍及湖南东半部。东以幕埠山脉、罗霄山脉与鄱阳湖水系分界,南以南岭山脉与珠江水系分流,西以董家山、雷公岭与资水分野,北接洞庭湖。流域地形东、南、西三面高,中部和北部低平,呈向北倾注之势。东面湘赣交界诸山呈雁行式排列,山峰海拔大都超过1000m;南岭山脉海拔1000m以上;西面除董家山海拔1041m外,湘、资二水分水岭多在海拔500m以下;衡山山脉以东北—西南面走向位于流域中部,除祝融峰海拔1289m外,其余大多在海拔500m以下;北部洞庭湖为平坦的冲积平原,海拔多在500m以下。由于地势起伏坡度大,加速了降雨集流过程,促使湘江水系干、支流的水位、流量急速变化。

2.1.2 湘江河道特征

湘江水系河网密布。因南面及东面山势较高,河网发育,支流较大。潇水、舂陵水、耒水、洣水、渌水和浏阳河、捞刀河等大支流均来自南面与东面山区,由右岸汇入干流,其中潇水、耒水、洣水流域面积均在10000km²以上。支流祁水、蒸水、涓水、涟水、沩水自左岸汇入,左岸支流除涟水(流域面积7155km²)外,其余流域面积均小于 3500km²，从而使得湘江发育成为一个不对称的树枝状水系。

湘江干流在零陵县苹岛（潇水河口）以上为上游，长 252km，河床平均坡降为 0.607‰。苹岛至衡阳市为中游，长 278km，汇入的支流有潇水、春陵水、蒸水等，河床平均坡降为 0.129‰。

衡阳以下为下游，至城陵矶长 439km，其中衡阳至株洲段长 182km，河宽 500～600m，落差 15m，平均坡降为 0.0824‰，有耒水、洣水、渌水在右岸汇入。

株洲至城陵矶段，长 257km。濠河口以下沿河多为冲积平原，河宽 600～1000m，平均坡降为 0.045‰，具有平原河流特点。长沙枢纽坝址位于该段的长沙市区北端。该段内坝址以上主要支流右岸有渌水在株洲汇入，左岸有涟水、涓水在湘潭汇入，右岸有浏阳河、捞刀河从长沙市区汇入，坝址以下左岸有沩水汇入。

濠河口以下长 113km，河床平均比降为 0.037‰，具湖区河道洪水成湖、枯水成河特点。

衡阳至城陵矶长 439km 河段，两岸台地均筑有堤防，河床稳定，滩槽分明。

湘江流域水系分布示意图见图 2.1-1。

2.1.3 湘江水情特性

湘江水量充沛，流域内多年平均降水量一般为 1300～1500mm，径流与降水关系极为密切，年际变化大，年内分布不均。湘潭水文站多年平均流量为 2110m³/s，最大流量为 20600m³/s，最小流量为 100m³/s。每年 4～9 月为汛期，10 月至次年 2 月为枯水期。年内水位变幅较大，达 9.5～13m。

湘江长沙以上流域内新中国成立以来已建成诸如涔天河、双牌、东江、欧阳海、青山垅、酒埠江、株树桥、官庄、水府庙、黄材 10 座大型水库，水库集水面积之和达 25963km²。湘江干流上还建有宋家洲、近尾洲、大源渡和株洲等大型枢纽水库。这些水利工程对湘江长沙综合枢纽所处的湘江下游干流的水文条件具有一定的影响，其中东江水库的影响尤为突出。东江水库位于湘江第二大支流耒水上游，控制流域面积为 4719km²，占耒水流域面积的 40%，占湘江流域面积的 5%。东江水库 1991 年建成，总库容 91.5 亿 m³，有效库容 56.7 亿 m³，为一多年调节水库。东江水库对耒水调丰济枯作用显著，对湘江衡阳以下天然径流也影响显著，在枯水季节尤为突出。本书中的水文计算考虑了东江水库对本枢纽天然径流的影响。

湘江干流上梯级数量较多，但均为径流式水库，可调节总库容不大，株洲枢纽及以上枢纽库容仅 7.3 亿 m³，对坝址径流影响程度相对并不太大。

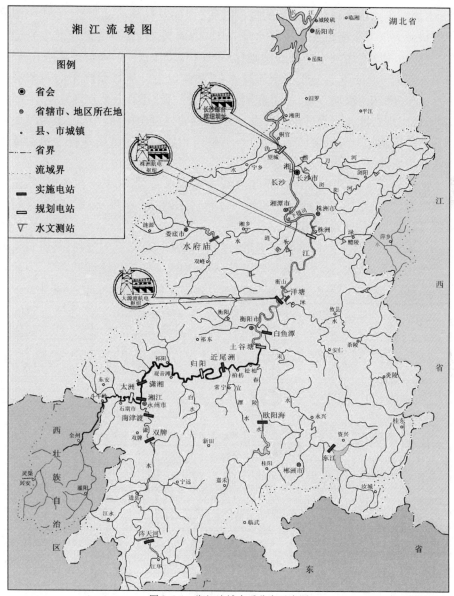

图 2.1-1 湘江流域水系分布示意图

2.2 气象条件

湘江流域处在亚热带湿润地区,受季风影响大。冬季多为西伯利亚干冷气团控制,气候较干燥寒冷;夏季为低纬海洋暖湿气团所盘踞,温高湿重。春夏之

15

交,本流域正处在冷暖气流交汇的过渡地带,锋面及气旋活动频繁,形成阴湿多雨的梅雨天气。全流域各地年降水量在1500mm左右,最多的湘东北个别地区达1700mm以上,而湘中衡邵丘陵地区则小于1300mm。年降水多集中在3~7月,4~6月三个月降水一般占全年降水的40%以上。流域暴雨中心主要有三个,一个在湘东南汝城一带,一个在湘东黄丰桥一带,还有一个在湘北浏阳一带。此外,还出现在湘桂交界的都庞岭及潇水上游的九嶷山一带。暴雨多为气旋雨(4~6月),偶尔为台风雨(7~8月)。与暴雨相伴的低空气压系统为西南低涡或江淮切变线,地面为静止锋或冷锋。

湘江流域气象观测始于1938年。新中国成立后,省气象局在各市、县设立了气象台(站),进行气象观测。观测项目有气压、气温、温度、云量、降水、雨日、蒸发、风速、地温、日照、积雪等。

气象要素统计主要依据坝址附近长沙气象站近50年观测资料,其资料系列完全满足规范要求。长沙气象站多年月、年平均气象要素值统计见表2.2-1。

长沙站气象站气象要素多年月、年平均值表 表2.2-1

气象要素	气温 (℃)	气压 (mb)	湿度 (%)	降水量 (mm)	蒸发量 (mm)	日照 (h)	风 (m/s)	地温 (℃)
1月	4.7	1020.9	81	55.2	40.2	87.4	2.5	5.5
2月	6.2	1018.1	83	88.0	41.0	66.1	2.6	7.1
3月	10.9	1014.1	84	131.0	64.1	79.0	2.6	12.0
4月	16.8	1009.0	83	197.5	95.5	102.5	2.6	18.4
5月	21.7	1004.4	83	206.5	122.8	124.5	2.4	24.0
6月	25.8	1000.2	82	184.5	154.5	157.1	2.3	29.1
7月	29.3	998.1	75	101.4	245.9	255.2	2.7	34.5
8月	28.7	999.7	77	113.0	215.7	241.0	2.4	33.6
9月	24.1	1006.7	79	50.6	157.3	178.8	2.6	28.0
10月	18.4	1013.7	80	80.6	106.2	141.6	2.4	20.6
11月	12.5	1018.2	80	64.1	67.5	116.9	2.4	13.5
12月	6.9	1020.9	80	42.4	48.5	102.5	2.5	7.7
全年	17.2	1010.3	80	1400.6	1359.3	1652.6	2.4	19.5

2.2.1 气温

湘江流域年平均气温在16~18℃之间,湘江流域地处亚热带湿润气候区,暑热期长,具有大陆性气候特点。湘江沿岸各城市年平均气温在17~19℃之间,1月份气温最低,3月后增高较快,7月份气温最高,9月份后又明显下降,气温由南向北逐渐降低,温差不大。据长沙气象站 1951—2001 年观测资料统计,年平均气温为 17.2℃,极端最高气温为 40.5℃(1961 年 7 月 24 日),极端最低气温为 −12.0℃(1972 年 2 月 9 日)。

2.2.2 降水

湘江流域属我国南方湿润地区,雨量充沛,流域多年平均降水量为 1472.9mm。降水量的年际变化大,且年内分配极不均匀,4~6 月多暴雨,7~9 月炎热干旱,所以洪涝、干旱灾害频繁。在地域分布上降水很不均匀,总的趋势是山区大于丘陵,丘陵大于平原。长沙地区多年平均降水量为 1400.6mm,降水多集中于每年4~6 月,这三个月降水占年降水的 46%;历年最大降水量为 1690.3mm(1993年),历年最小降水量为 962.0mm(1978 年),最大日降水量为 224.5mm(1965 年7 月 5 日);多年平均降水天数为(≥0.1mm)158.4d,历年最长降水天数为 18d(1970 年、1973 年 2~3 月)。

2.2.3 湿度

湘江流域,年平均相对湿度在 75%~85% 之间。冬季相对湿度可达 80% 以上。夏季相对湿度亦在 75% 以上,只有南岭北坡,因位居背风坡,绝对湿度和相对湿度稍有减少。长沙站多年平均相对湿度为 80%,历年最小相对湿度为 10%(1973 年 12 月 28 日);冬季绝对湿度为 5g/m³,夏季绝对湿度为 10~30g/m³。

2.2.4 蒸发

多年平均蒸发量为 1315.6mm。蒸发与气温关系密切,6~8 月气温高,蒸发量也大。多年平均月蒸发量最大月一般发生在 7 月份。

2.2.5 风

湘江流域冬季盛行偏北风,夏季盛行偏南风,春秋两季流域内仍以偏北风居多,年平均风速为 1.9~2.8m/s,向南逐渐减弱。7~8 月,盛吹南风,平均风速为 3.3~5.4m/s,最大风速为 25.0m/s(衡阳 1972 年 5 月 8 日),偶有台风侵入。流域大风日数多在 5~10d 之间。大风以春夏多,秋冬少,春季大风日数约占全年大风日数的 35%~40%。

长沙地区多年平均风速为 2.4m/s;历年最大风速为 20.7m/s(1980 年 4 月13 日,10min 平均风速),极端最大风速为 24.0m/s(1980 年 4 月 13 日),历年最大风力 9 级;主导风向为 WN,其频率为 24%;多年平均最多风向为 NNW,其频率为 17%。

2.2.6 水温

多年平均水温为 19.4℃,最高水温为 34.4℃(1971 年 7 月 21 日),最低水温为 1.6℃(1972 年 2 月 7 日)。

2.2.7 地温

地面多年平均温度为 19.5℃,极端最高地面温度为 71.7℃(1980 年 7 月 1 日),极端最低地面温度为 −15.2℃(1957 年 2 月 7 日)。

2.2.8 冰霜期

多年平均冰霜日 24d,最多 45d,最少 7d。

2.2.9 雪

历年最大积雪厚度 27cm(1991 年 12 月 28 日),历年积雪最长持续时间 11d (1974 年 1 月 29 日~2 月 8 日)。

2.3 水文基本资料

2.3.1 入库河流和水文测站分布

长沙综合枢纽入库河流及坝下沩水基本情况见表 2.3-1。

长沙综合枢纽入库河流基本情况 表 2.3-1

序号	河流名称	流域面积 （km²）	河长 （km）	平均坡降 （‰）	汇入岸	流域内年均降雨量 （mm）
1	渌水	5675	166	0.49	右	1498
2	涓水	1764	103	0.82	左	1436
3	涟水	7155	259	0.46	左	1374
4	靳江河	781	85		左	
5	龙王港	173	31		左	
6	浏阳河	4665	222	0.573	右	1751
7	捞刀河	2543	141	0.78	右	1422
8	沩水	2430	186		左	

渌水发源于江西省萍乡市千拉岭,流经醴陵、株洲两县,于渌口镇入湘江。

涓水发源于衡山县南岳峰,于湘潭水文站上游 8km 汇入湘江。

涟水发源于新邵县阳角山,流经涟源、双峰、湘乡、湘潭四县,于湘潭水文站上游 7km 入湘江。

浏阳河又称浏渭河,发源于浏阳市横山坳,流经浏阳、长沙两县,于长沙市下游陈家屋场入湘江。

捞刀河又称金井河,发源于浏阳市石柱峰,流经浏阳、长沙两县,于长沙市下游泽油池入湘江。

长沙综合枢纽蔡家洲坝址控制流域面积 = 湘江湘潭站流域面积 $81638km^2$ + 靳江河、龙王港、浏阳河和捞刀河流域面积 $8522km^2$ + 湘潭站以下湘江干流汇入区间面积 $360km^2$ = $90520km^2$(与省水文水资源勘测局 2003 年 11 月编《长沙港口主枢纽霞凝港区二期工程防洪评估报告》中坝址上游约 2km 处断面控制流域面积 $90470km^2$ 吻合)。

长沙综合枢纽蔡家洲坝址控制流域面积 $90520km^2$;坝址上游约 28.2km 有长沙水位(三)站,坝址上游约 69.2km 为湘潭水文站,坝址下游约 44.9km 有湘江东支湘阴水位站。

库区内主要支流有渌水、涓水、涟水、浏阳河和捞刀河;蔡家洲坝址下游约 2km 处有沩水(沩水控制流域面积为 $2430km^2$,左岸汇入)。在本阶段干流水文分析计算中,主要采用了湘潭水文站的流量、长沙水位站和湘阴水位站水位资料;各测站的基本情况见表 2.3-2。河段水文测站位置见图 2.1-1。

各测站基本情况表 表 2.3-2

站名	河名	流域面积(km^2)	设站时间(年)	主要观测项目
衡山	湘江	63980	1953	水位、流量、降雨等
湘潭	湘江	81638	1936	水位、流量、降雨、输沙等
长沙	湘江	83020	1909	水位、部分流量、降雨等
湘阴	湘江		1924	水位、降雨
大西滩	渌水	3132	1959	水位、流量、降雨、蒸发
新桥	涓水	225	1957	水位、流量、降雨、蒸发
射埠	涓水	1404	1972	水位、流量、降雨、蒸发
娄底	涟水	1458	1958	水位、流量、降雨、蒸发、输沙
湘乡	涟水	6053	1957	水位、流量、降雨、蒸发
双江口	浏阳河	2067	1957	水位、流量、降雨、蒸发、输沙
朗梨	浏阳河	3815	1957	水位、流量、降雨、蒸发
螺岭桥	捞刀河	327	1959	水位、流量、降雨、蒸发
罗汉庄	捞刀河	2468	1999	水位、降雨、蒸发
宁乡	沩水	2089	1951	水位、流量、降雨、水质

2.3.2 枢纽和水库对径流和水位的影响

湘江长沙综合枢纽以上流域内新中国成立以来已建成东江、大源渡枢纽等多座大、中型水库。湘江经长沙综合枢纽汇入长江，长江上游有葛洲坝和三峡两枢纽。这些水利工程对湘江长沙综合枢纽的水文条件具有一定的影响，其中东江水库的影响尤为突出。

（1）上游东江水库的影响

东江水库位于湘江第二大支流耒水上游，控制流域面积 $4719km^2$，占耒水流域面积的40%，占湘江流域面积的5%。东江水库1958年动工，1961年因压缩基本建设而停工缓建，1978年复工，1991年建成。总库容91.5亿 m^3，有效库容56.7亿 m^3，为一多年调节水库。电站装机容量为500MW，4台机组满发流量达 $500m^3/s$。东江水库对耒水调丰济枯作用显著，对湘江衡阳以下天然径流也影响显著，在枯水季节尤为突出。本次计算按东调Ⅲ方案调节（东江水库参加华中电网水电群葛洲坝、丹江口、黄龙滩、柘林、万安、凤滩、柘溪、隔河岩、五强溪等电站进行联合调度），考虑了东江水库对本枢纽天然径流的影响。

（2）上游大源渡枢纽、株洲枢纽调节的影响

大源渡枢纽坝下通航设计低水位为38.8m（Ⅲ级航道、98%保证率）。株洲枢纽正常挡水位为40.5m，水库死水位为38.8m。正常挡水位时，淹没大源渡枢纽坝下通航设计低水位1.7m。

株洲枢纽坝下通航设计低水位为29.70m（Ⅲ级航道、98%保证率），长沙枢纽正常挡水位29.7m，与株洲枢纽坝下设计低水位相衔接，长沙枢纽坝下目前已达到Ⅲ（3）级航道标准，故除特枯年份外，长沙枢纽建成后，不需要大源渡枢纽、株洲枢纽进行航运流量调节。

上游大源渡枢纽、株洲枢纽运行中因防洪、发电等方面的需要进行联合调度，这对长沙枢纽的水文虽有影响，但因大源渡枢纽可调节库容1.35亿 m^3，株洲枢纽可调节库容1.254亿 m^3，合计的调节能力小，做非航运流量调节时规律性不强，故水文计算时不考虑其调节影响。

（3）下游洞庭湖顶托的影响

为了反映葛洲坝水利枢纽及洞庭湖对蔡家洲坝址水位—流量关系曲线的影响，坝址水位—流量关系考虑如下：根据推求的同期坝址逐日平均水位与坝址逐日平均流量和湘阴水位站逐日平均水位（均为天然）确定一簇以湘阴水位站日平均水位为参数的坝址水位—流量关系点。该簇水位—流量关系曲线已反映了下游的顶托影响［参证站：湘阴水位站。水位（黄海）$H=21\sim34m$］。

(4)长江葛洲坝枢纽调节的影响

长江葛洲坝枢纽水库正常蓄水位为 63 ~ 66m。1989 年全面建成后正式运用至今已有 20 年,葛洲坝枢纽库容和调节能力不大[根据分别按长江葛洲坝枢纽建成前(1989 年前)后(1989 年后)计算坝址水位流量关系的分析,经比较可以认为其对坝址水位影响很小],其通过长江和洞庭湖对长沙枢纽河段水位的影响较小,且已基本反映在现采用的水文资料中。

(5)长江三峡水库下泄流量改变对长沙枢纽河段的影响

三峡水库 2003 年 6 月 1 日开始进行首次蓄水至 135m,计划在 2009 年才按正常蓄水位 175m 运行,故现有实测水文资料系列不能代表该水库今后正常蓄水情况下对长沙枢纽河段的影响。本书根据有关文献提供的初步设计拟定的该水库调度方案,初步分析其对长沙枢纽河段的基本影响。

三峡枢纽库容巨大,可蓄洪量 221.5 亿 m^3。三峡电站设计装机容量为 1820 万 kW,单机容量 70 万 kW,基荷为 130 万 kW,调峰调频效益十分巨大。同时长江为横贯我国西南、中南、华东三大经济区的水运交通大动脉,三峡工程年设计下水货运量 5000 万 t,万吨级船队汉渝直达通航保证率大于 50%。故三峡工程设计按照防洪、发电、航运的开发目标,对防洪、发电和航运的关系进入了深入的研究和妥善处理。

三峡水库(及葛洲坝水库)一般沿长江河道下泄。但在主汛期内部分流量途中经松滋口、太平口、藕池口注入洞庭湖,再经湘江下游洪道从城陵矶回归长江东流入海,以发挥洞庭湖的蓄水抑洪作用,减轻武汉等城市防洪压力。同时湘江湖区洪道也从城陵矶注入长江。城陵矶距三峡大坝沿长江水路约 500km。城陵矶水文(二站)的水位主要受长江干流的影响,也反过来影响湘江长沙以下河段的水位。

三峡工程最终建成后水库正常蓄水位为 175m。10 月份(10 月 1 日 ~ 10 月31 日)为水库蓄水期,从防洪限制水位充至 175m,需蓄水 221.5 亿 m^3。一般情况下,下泄流量为 6000 m^3/s,1 个月内蓄满。之后 11 月至次年 4 月(11 月 1 日 ~4 月 30 日)按三峡电站与葛洲坝电站联合调度日调节运行,维持平均下泄流量不小于 5000 ~ 6000 m^3/s,以满足航道要求,同时动用调节库容,库水位逐步消落至 155m(汛前消落低水位,下至防洪限制水位的库容为 109.8 亿 m^3)。期间,经葛洲坝反调节后,下泄流量最小值为 5557 m^3/s,为宜昌站 95% 保证率流量3200 m^3/s 的 1.7 倍,最大值为 8610 m^3/s,小于多年平均流量 14300 m^3/s。枯期下泄流量增大对下游城陵矶河段枯水水位有抬高作用,但所增加的流量与城陵矶河段原枯水流量相比仅为其 20% ~ 35%,故抬高并不显著。

在汛期当不发生 20 年一遇以上洪水时,三峡水库不拦洪,不改变汛期流量过程。

综上所述,三峡水库调节后枯水期下泄流量的增加对城陵矶河段枯水期水位略有抬高作用,从而对长沙枢纽坝下游通航略有好处。在未遇特大洪水的年份,对洪水影响很小,故对长沙枢纽防洪、发电等影响甚小。因此可不考虑三峡工程调节下泄流量的影响。

(6)三峡水库引起坝下长江河段冲淤对长沙枢纽河段的影响

天津水运科学研究所《三峡工程下游河道冲淤对航道港口影响及对策初步研究》结论如下:

"三峡工程,改变了下泄水沙条件及过程,水库运用初期排沙比仅为 30%,悬移质粒径变细,其中值粒径约为建库前的 31%。这样大坝下游河道水流挟沙能力远大于含沙量,水流将从河床中补充泥沙,冲刷河床并使河床粗化。水库运用中后期,出库含沙量增加,粒径变粗,并逐渐接近建库前,而在冲刷已经平衡的河段上挟沙能力又小于含沙量,悬移质就要回淤。坝下游河道从冲刷回淤再到新的冲淤平衡过程中,势必引起水位降落及河势调整,并产生深远的影响。

经与汉江丹江口水库对下游河道近 30 年的实际影响进行对比,并建立数学模型进行计算。城陵矶至武汉河段,直到水库运用 20 年后才转淤为冲;至第 40 年,冲刷使下荆江监利站水位降落 4.0m(流量为 6000m³/s 时),城陵矶水位降低 1.5~2.0m。"

城陵矶水位的下降,将对湘江湖区洪道直至长沙枢纽以下河段造成影响。首先是比降增大,溯江而上水位将降低,河床将冲刷下切,在一些河段肯定将出现河床冲刷值小于水位下降值,使原有已满足千吨级航道条件的河段出现碍航浅滩。

城陵矶水位下降,对湖南港口航道是严重的问题,影响范围涉及湘、资、沅、澧水下游和洞庭湖区。如已整治的响水口和嗉河口急流滩恶化,岳阳港水深严重不足等。本书认为三峡工程对下游河道冲刷的影响在空间和时间的展开上是非常复杂的,分析结果还有待三峡枢纽运行一段后原型观测资料的验证和修正。

由于城陵矶距三峡枢纽较远,若如分析所述,近 20 年内城陵矶水位以淤为主,加上枯水流量将增加,枯水水位将有一定的提高(有的专家认为长江下游河段枯水水深将增加 0.5m 以上,现有滩险大部分将不存在)。若 40 年后城陵矶水位确实下降 2.0m,届时湘、资、沅、澧水应该已经建有多座具有一定调节能力的水库及枯水调节库容,特别是实施正在做前期工作的洞庭湖综合枢纽的建设,将可以解决其对湖南航道的影响。

长沙枢纽坝下拟预留水位下降值,水文计算不另外考虑三峡工程冲刷河床带来的影响。

(7)影响径流和水位主要因素分析

湘江干流上梯级数量较多,但均为径流式水库,可调节总库容不大,株洲枢纽及以上枢仅7.3亿 m³,对坝址径流影响程度相对并不太大。而支流耒水上东江水库为多年调节水库,库容达 56.7亿 m³,影响程度相对较大。

上游多数工程对坝址水位主要影响已体现在所采用的实测资料系列中。而株洲航电枢纽 2005 年正式营运,对长沙枢纽的影响尚未充分反映在实测资料系中。其影响洪水时期很小,枯水时期由于株洲枢纽有一定的航运可调节库容,可增加长沙枢纽一定的枯水入库径流,因而有益。但在预报洪水将至而腾空部分库容的株洲枢纽预泄,加重了长沙枢纽的预泄任务,应通过多个枢纽的联合调度来解决,难以在水文成果中反映。

下游湖区顶托、河道冲淤变化对坝址水位影响较明显。一般顶托和淤积时坝址水位上升,冲刷时坝址水位下降。由于湘江含砂量很小,水库清水下泄引起的冲刷不会太大。下游采砂活动影响较大,必须受一定的控制。从工程安全的目的方面考虑,远期坝址水位可能受水库清水下泄引起的冲刷和下游采砂活动加剧等引起坝址水位下降,因而预留了船闸门槛水深。

2.3.3　湘阴水位站

湘阴水位站 1950 年由湖南省水利局恢复,1976 年因煤建码头扩建,上迁70m 至先锋码头。所测项目为水位,基面换算关系为:

56 黄海高程 = 吴淞冻结高程 − 2.077m

测验河段下游有滩,枯季水浅流急,高水期受下游湖水顶托影响。西支受南洞庭涨水影响,倒灌入东支,产生逆流,影响本站水位。

2.3.4　长沙水位站

长沙水位站控制流域面积 83020km²。该站 1950 年 7 月由当时的湖南省人民政府水利局恢复,设于长沙市河西施家港合佳村。1955 年 4 月 20 日上迁至长沙市湘江东岸五一轮渡码头下首附近,更名为长沙水位(一)站。1970 年再次上迁 2461m 至长沙市楚湘街水电码头下游约 10m 处,即为现在的长沙水位(三)站。所测项目为水位,基面换算关系为:

56 黄海高程 = 吴淞冻结高程 − 2.280m

1952—1998 年长沙水位站实测最高水位为 37.00m,实测最高水位多年平均值为 33.99m。长沙水位站地处湘江尾闾,受洞庭湖水位顶托影响十分明显。

2.3.5 湘潭水文站

湘潭水文站控制流域面积 81638km²。1936 年由扬子江水利委员会设于易家湾,1937 年 7 月停测。1943 年 6 月 26 日由湖南省水文总站恢复,并将断面上迁 12.5km,移至湘潭铁桥处;1944 年 6 月停测,1946 年 6 月又恢复,1949 年 2 月又停测,1950 年 1 月 1 日又恢复。1950 年 4 月下迁 430m 与流速仪测流断面合并。因其断面距湘潭铁路桥桥墩仅 350m,影响测验精度,故于 1956 年 1 月将其断面上迁 1250m 至现在断面处。

测验河段顺直,河床由细砂卵石组成,断面基本稳定。断面上距湘潭公路桥 2500m,下距铁路桥 900m。断面上游 7000m 处有涟水、涓水自左汇入。观测项目有水位、流量、泥沙等。基面换算关系为:

56 黄海高程 = 吴淞冻结高程 − 2.276m

湘潭水文站是湘江入洞庭湖的控制站,观测系列长,其测验及推流方法合理,成果准确可靠。

湘潭水文站距洞庭湖较近,洞庭湖高洪水位时,湘潭水文站仍受其顶托影响。

2.3.6 朗梨、螺岭桥水文站和罗汉庄水位站

朗梨水文站位于浏阳河上,于 1957 年 5 月由湖南省水利厅设立,下距湘江口约 25km。受湘江干流顶托影响,水位流量关系很不稳定。观测项目为水位、流量。

螺岭桥水文站位于捞刀河上,于 1959 年 1 月由湖南省水利厅设立,下距湘江口约 61km。观测项目为水位、流量。

罗汉庄水位站位于捞刀河上,仅在 1999 年 6 月以后才有水位观测资料。

浏阳河和捞刀河的流域面积分别为 4665km² 和 2543km²,朗梨水文站位于浏阳河河口上游约 25km。螺岭桥水文站位于捞刀河上游,其控制域面积仅 327km²,不能反映捞刀河的基本情况,只作为辅助分析计算。

2.3.7 宁乡水文站

宁乡水文站于 1951 年 4 月由湖南省农业厅水利局设立水位站,站址在宁乡县东门高筒车。1954 年改建为水文站。1956 年底沩丰坝工程建成后,基本水尺断面迁移沩丰坝上首。观测项目有水位、流量、降水、水质。流量仅有近 8 年资料。

该站所报水位采用 56 黄海高程。

2.3.8　水文测验和临时水尺

在长沙综合枢纽香炉洲坝址(可比较坝址)河段设有四根临时水尺,分别位于坝址上游约1.8km(右岸)、下游约0.5km(右岸)、下游约3.0km(右岸,丁字轮渡码头处)和下游约9.0km(左岸,沩水上游约0.6km)。临时水尺观测自2004年5月1日开始。

2004年5月14日~5月23日,湖南省航务勘察设计研究院对香炉洲坝址及蔡家洲坝址所在17km河段进行了洪水期勘测。包括水位观测、比降观测、流量观测和推移质取样。又于2008年分四次进行了同类测验。

在长沙综合枢纽蔡家洲坝址河段增设三根临时水尺,分别位于坝址上游约3.4km(1号常年水尺)、下游约1.0km(2号常年水尺)和下游约9.2km(3号常年水尺)。临时水尺观测自2009年1月15日开始。2009年1月14日~1月16日和2009年3月初及2009年7月7日,湖南省航务勘察设计研究院对蔡家洲坝址所在河段进行了数次水文勘测,包括水位观测、比降观测、流量观测。

本水文计算中用以上观测、勘测资料进行了验证,较为符合。

注:

(1)本章中"坝址"除特别说明外均指蔡家洲坝址。

(2)湘江及洞庭湖区水位一直沿用吴淞冻结高程,而长沙市城市防洪工程建设采用56黄海高程,故本章中,水位高程系统采用56黄海高程,与枢纽工程设计采用的高程系统相一致。

(3)综合考虑上游多个水库的复杂影响,本水文计算所有分析计算成果除特别说明外均采用东调Ⅲ流量和天然水位资料系列。

2.4　径流特征

2.4.1　坝址流量

以湘潭水文站作参证站推算坝址径流。湘潭水文站控制流域面积为81638km^2,蔡家洲坝址控制流域面积为90520km^2(包括浏阳河流域面积4665km^{2}和捞刀河流域面积2543km^{2}等汇入后的河流),坝址控制流域面积与湘潭水文站控制流域面积的相对差为10.86%。根据水文计算规范,当工程地址与设计依据站的集水面积相差不超过15%,且区间降水、下垫面条件与设计依据站以上流域相似时,可按面积比推算工程地的径流量。由此可求得坝址1952—2008年逐日平均流量系列。

坝址1952—2008年多年平均流量为2237m^3/s,多年年平均来水量为705亿m^3,其1952—2008年年均径流过程线见图2.4-1。

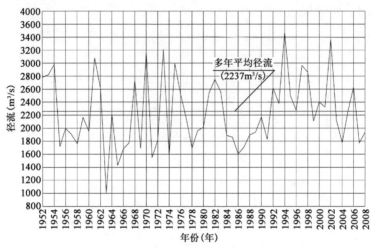

图 2.4-1   长沙综合枢纽坝址 1952—2008 年年均径流过程线

1952—2008 年共 57 年径流系列，丰、中、枯水分布较均匀。其中，丰水年 17 年，中水年 19 年，枯水年 21 年。连丰（枯）年一般为 2～3 年。57 年系列中以 1994 年和 2002 年为最丰，年平均流量分别为 3544m³/s 和 3366m³/s，年径流量分别为 1118 亿 m³ 和 1062 亿 m³；1963 年为最枯，年平均流量为 1008m³/s，年径流量为 317 亿 m³；年径流极值比为 3.5。从流量过程线中可看出，1952—2008 年共 57 年径流系列涵盖了丰、中、枯水段，能反映径流系列总体的特性，具有较好的代表性。

坝址多年月平均流量见表 2.4-1（考虑了坝址以上规划期城市用水量增加导致的坝址径流的减少，约 50m³/s）。可以看出，湘江在此河段径流呈如下规律：从 1～6 月份径流接近逐月递增，这 6 个月来水量占全年来水量的 67%，5 月份最高，达全年的 16.8%。从 7～12 月份来水递减。湘江来水 65.3% 集中在 3～7 月份这 5 个月；余下 7 个月仅占 34.7%。

蔡家洲坝址多年月平均流量表（单位：m³/s）   表 2.4-1

指标	1 月	2 月	3 月	4 月	5 月	6 月	7 月	8 月	9 月	10 月	11 月	12 月	年均
平均流量（m³/s）	1180	1713	2574	3760	4503	4311	2383	1856	1333	1065	1117	1044	2237
百分比（%）	4.4	6.4	9.6	14.0	16.8	16.1	8.9	6.9	5.0	4.0	4.2	3.9	100

2.4.2　坝址水位

对资料系列逐日根据坝址上游长沙站水位、下游湘阴站水位及坝址与该两站的距离值，初步按水面全程比降为直线确定坝址的对应水位。经用坝址所设临时水尺观测资料(包含中枯洪各期)校核,以上假定计算值与实际在坝址处的观测值的绝对误差在±(0～0.2)m内。因此采用按水面全程比降为直线确定坝址的对应水位(枯水期将该计算值减少0.2m),确定坝址水位。在此基础上进行坝址各种特征水位的计算。

根据蔡家洲坝址1952—2008年逐日平均水位系列,统计求得蔡家洲坝址多年月平均水位,见表2.4-2。

蔡家洲坝址多年月平均水位表　　　　表2.4-2

指标	1月	2月	3月	4月	5月	6月	7月	8月	9月	10月	11月	12月	年均
平均水位(m)	23.95	24.67	25.65	27.06	28.04	28.44	29.13	28.15	27.45	25.85	24.68	23.81	26.41

2.5　坝址水位—流量关系曲线

2.5.1　坝址日平均流量保证率

根据蔡家洲坝址1952—2008年共57年日平均流量资料,统计出蔡家洲坝址流量保证率成果,见表2.5-1。

蔡家洲坝址日平均流量多年综合历时保证率成果表　　表2.5-1

保证率(%)	99	98	95	90	80	75	50
平均流量 $Q(\text{m}^3/\text{s})$	302	385	449	553	701	798	1433
保证率(%)	40	35	30	25	20	15	10
平均流量 $Q(\text{m}^3/\text{s})$	1865	2118	2393	2753	3217	3920	4938

2.5.2　坝址日平均水位保证率

根据蔡家洲坝址1952—2008年共57年日平均水位资料,统计出蔡家洲坝址水位保证率成果,见表2.5-2(表内90%～99%的水位重点考虑了近7年水位的明显下降)。

蔡家洲坝址日平均水位多年综合历时保证率成果表　　表2.5-2

保证率(%)	99	98	95	90	80	75	50
平均水位 $H(\text{m})$	21.83	21.90	22.45	22.82	23.89	24.23	26.02
保证率(%)	40	35	30	25	20	15	10
平均水位 $H(\text{m})$	26.91	27.30	27.67	28.07	28.55	29.11	29.79

2.5.3　坝址水位—流量关系

根据1952—2008年系列资料中坝址逐日平均水位与坝址逐日平均流量直接点绘坝址下游水位—流量关系曲线,见图2.5-1。

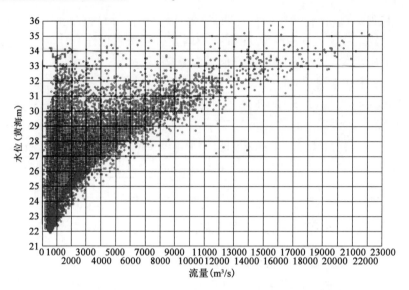

图 2.5-1　蔡家洲坝址水位流量关系曲线(1952—2008 年实测)

可以看出,坝址水位、流量点据较为散乱,下游顶托对坝址水位、流量关系影响较大,其水位—流量关系远非一元关系,同流量下的水位相差最大在 10m 左右,湘江干流流量越小,水位顶托影响越明显。

为了考虑洞庭湖顶托对坝址下游水位—流量关系的影响,直接由坝址逐日平均水位与坝址逐日平均流量及同期湘阴站水位确定一簇以湘阴水位站日平均水位为参数的坝址下游水位—流量关系曲线。其蔡家洲坝址下游水位流量关系数值成果见表 2.5-3(湘阴水位站 $H = 21 \sim 34\mathrm{m}$)。

蔡家洲坝址水位—流量关系表　　　　　　　　　　　　表 2.5-3

流量 (m³/s)	下包线 (m)	湘　阴　水　位　(m)												
		21	22	23	24	25	26	27	28	29	30	31	32	33	34
500	21.69	22.89	23.64	24.19	24.78	25.37	26.21	27.05	28.04	29.02	30.00	31.00	32.00	33.00	34.00
750	22.19	23.11	23.78	24.31	24.89	25.48	26.29	27.10	28.06	29.07	30.05	31.03	32.03	33.03	34.02
1000	22.63	23.34	23.93	24.44	25.01	25.58	26.35	27.16	28.12	29.10	30.08	31.05	32.04	33.04	34.03
1250	23.03	23.60	24.08	24.57	25.12	25.69	26.43	27.24	28.16	29.13	30.10	31.07	32.05	33.06	34.04
1500	23.39	23.72	24.22	24.70	25.24	25.80	26.52	27.31	28.22	29.17	30.14	31.08	32.07	33.08	34.05
1750	23.71	23.90	24.37	24.83	25.35	25.90	26.61	27.38	28.28	29.21	30.16	31.10	32.08	33.10	34.06
2000	24.00	24.07	24.53	24.96	25.46	26.00	26.69	27.46	28.34	29.25	30.19	31.11	32.09	33.11	34.07
2500	24.53	24.15	24.85	25.22	25.70	26.22	26.87	27.61	28.45	29.34	30.24	31.15	32.11	33.14	34.09

续上表

流量(m³/s)	下包线(m)	湘阴水位(m)													
		21	22	23	24	25	26	27	28	29	30	31	32	33	34
3000	25.02		25.10	25.48	25.92	26.43	27.03	27.75	28.56	29.43	30.30	31.19	32.14	33.17	34.10
3500	25.45			25.71	26.15	26.64	27.19	27.90	28.67	29.53	30.37	31.25	32.18	33.21	34.14
4000	25.85			25.94	26.38	26.85	27.37	28.05	28.79	29.63	30.46	31.33	32.24	33.25	34.18
4500	26.23				26.73	27.06	27.52	28.19	28.90	29.73	30.55	31.41	32.32	33.29	34.22
5000	26.60				26.84	27.28	27.70	28.34	29.01	29.83	30.64	31.49	32.39	33.35	34.27
5500	26.95				27.04	27.50	27.87	28.49	29.12	29.93	30.73	31.57	32.47	33.41	34.31
6000	27.28					27.70	28.03	28.64	29.23	30.03	30.81	31.65	32.54	33.48	34.35
6500	27.60					27.92	28.21	28.78	29.34	30.12	30.90	31.74	32.61	33.55	34.41
7000	27.91						28.37	28.93	29.45	30.22	30.99	31.81	32.69	33.61	34.45
7500	28.20						28.58	29.08	29.57	30.32	31.08	31.89	32.77	33.67	34.49
8000	28.48						28.73	29.22	29.68	30.42	31.17	31.98	32.86	33.74	34.54
8500	28.76						28.87	29.37	29.79	30.52	31.25	32.06	32.93	33.81	34.58
9000	29.02							29.52	29.90	30.62	31.35	32.13	33.01	33.87	34.62
9500	29.28							29.66	30.02	30.72	31.44	32.22	33.09	33.94	34.67
10000	29.53							29.81	30.13	30.82	31.52	32.30	33.17	34.01	34.72
10500	29.77							29.90	30.24	30.91	31.61	32.38	33.25	34.08	34.76
11000	30.02								30.35	31.02	31.70	32.46	33.33	34.15	34.80
11500	30.25								30.59	31.11	31.79	32.54	33.41	34.21	34.85
12000	30.49								30.71	31.21	31.88	32.62	33.49	34.26	34.89
12500	30.72								30.84	31.31	31.96	32.70	33.57	34.31	34.93
13000	30.94									31.41	32.05	32.78	33.64	34.37	34.99
13500	31.16									31.51	32.15	32.86	33.73	34.40	35.02
14000	31.38									31.61	32.23	32.94	33.78	34.44	35.06
14500	31.60									31.81	32.32	33.02	33.85	34.47	35.08
15000	31.81									31.90	32.41	33.09	33.91	34.51	35.11
15500	32.03										32.50	33.17	33.96	34.56	35.12
16000	32.24										32.60	33.25	34.02	34.59	35.15
16500	32.45										32.67	33.32	34.07	34.63	35.17
17000	32.67										32.76	33.39	34.11	34.65	35.18

以湘阴站水位为参数点绘的坝址下游水位—流量关系曲线成果见图2.5-2。由表2.5-3及图2.5-2可以看出:随着洞庭湖湘阴水位的增高,顶托影响的增大,水位流量关系线更平缓趋于收敛。

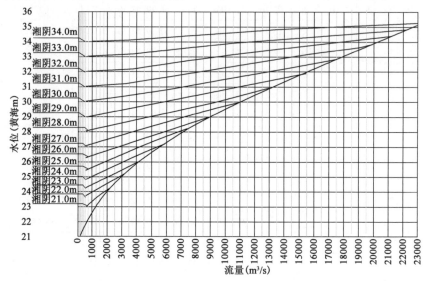

图2.5-2　蔡家洲坝址水位流量关系曲线(湘阴站水位为参数)

2.6　泥沙

湘江河流所挟带的泥沙,主要来自降水(尤其是暴雨)对表土的侵蚀。因此来沙绝大部分集中在汛期。以湘江控制站湘潭站为例,4～8月来沙占全年的87%,而同期来水占全年的58%。湘江流域内多年平均侵蚀模数在$100～600t/km^2$之间。高值区有两个,一个在湘中蒸水上游井头江,达$600t/km^2$,这也是全省极大值之一;另一个在湘东南桂东暴雨区,为$400t/km^2$。此两高值区均在坝址以上流域内。设计依据湘潭站、衡阳站1953—2002年泥沙测验资料进行坝址泥沙分析,湘潭站、衡阳站有关泥沙特征值见表2.6-1。

湘江湘潭、衡阳两站实测悬移质泥沙统计表　　　　　　表2.6-1

项　　目	单　位	衡　阳　站	湘　潭　站
控制面积	km^2	52150	81638
多年平均输沙量	万 t	550	987
多年平均侵蚀模数	t/km^2	105	121
多年平均含沙量	kg/m^3	0.14	0.16

项　目	单　位	衡阳站	湘潭站
最大断沙	kg/m³	1.86	2.18
发生时间		1985.5.30	1985.8.29
最小断沙	kg/m³	0	0
发生时间		1989.9.25	1957.1.1

由表 2.6-1 可以看出含沙量从上而下加大,侵蚀模数也是如此,这说明湘江流域水土流失,从上游向下游逐渐加剧。

根据衡阳、湘潭两站 1953—2002 年实测资料,采用年平均输沙率加权法求得两站多年平均悬移质颗粒级配,见表 2.6-2。

衡阳、湘潭站多年平均悬移质颗粒级配成果表　　表 2.6-2

站名	平均小于某粒径沙重百分数								中数粒径 (mm)	平均粒径 (mm)	最大粒径 (mm)
	粒径级(mm)										
	0.005	0.010	0.025	0.050	0.10	0.25	0.50	1.0			
衡阳	17.4	25.5	42.1	67.3	95.9	99.1	100.0		0.033	0.044	1.46
湘潭	18	25.5	43.6	67.3	95.3	99.1	99.8	100	0.018	0.037	1.48

本次利用湘潭、衡阳水文站同步观测资料,建立坝址、衡阳、湘潭输沙与径流权重相关关系,求得坝址悬移质泥沙成果,见表 2.6-3。

坝址悬移质多年平均成果表　　表 2.6-3

月份(月)	1	2	3	4	5	6	7	8	9	10	11	12	全年
Q_s(kg/s)	49.56	142.18	301.158	725.68	1008.67	1086.37	433.706	289.54	111.97	83.07	64.786	37.584	361.19
W_s(万 t)	13.27	34.40	80.66	188.10	270.16	281.59	116.16	77.55	29.02	22.25	16.79	10.07	1142.02
ρ(kg/m³)	0.042	0.083	0.117	0.193	0.224	0.252	0.182	0.156	0.084	0.078	0.058	0.036	0.164

长沙综合枢纽干流和支流年均输沙量见表 2.6-4。

干流和支流年均输沙量(单位:万 t)　　表 2.6-4

河名	湘潭	捞刀河	浏阳河	涟水	涓水	渌水
年输沙量	1142	31	51	67	24	94

2.7　工程概况

湘江长沙枢纽工程为湘江干流 9 级开发的最下游一级,其主要开发任务是以保证长株潭城市群生产生活用水,适应滨水景观带建设和进一步改善长沙—

株洲段航道通航条件为主,兼顾发电等功能。坝址位于长沙市下游望城区境内的蔡家洲,上距株洲航电枢纽132km,下距城陵矶146km,枢纽主要建筑物由双线2000吨级船闸、泄水闸、电站和坝顶公路桥组成。船闸设计年通过能力为9800万t,电站装机容量57MW,年均发电量2.315亿kW·h。

枢纽主要包括船闸、泄水闸、电站、坝顶公路桥、鱼道、护岸及业主营地等,枢纽从左至右依次为左岸改移防洪大堤、左岸副坝及预留三线船闸、二线船闸、一线船闸、26孔净宽22m的低堰泄水闸、1孔净宽7m的泄洪排污闸、电站厂房、蔡家洲副坝、20孔净宽14m的高堰泄水闸及右岸副坝。

船闸等级为2000吨级,闸室有效尺寸为280m×34m×4.5m(长×宽×门槛水深),设计代表船型为1顶2艘2000吨级船队。

泄洪闸共设46孔,左汊26孔,堰顶高程为18.5m,单孔泄流净宽22m,泄流宽度为572m;右汊20孔,堰顶高程为25.0m,单孔泄流净宽14m,泄流宽度为280m;左右汊泄流总宽度为852m,设计洪水标准为100年一遇,相应流量为26400m³/s,校核洪水标准为500年一遇,相应流量为30200m³/s。

本工程采用分期导流方式。一期施工右汊20孔泄水闸,二期施工左汊船闸11.5孔泄水闸,三期施工左汊14.5孔泄水闸和电站厂房。

第3章 长沙综合枢纽水情预报系统

长沙综合枢纽工程是以航运、城市供水、景观为主,兼有发电等综合利用的大型水利枢纽,位于湘江流域下游。为了更好地实现其航运、发电、防洪排涝作用,特别是长沙市作为全国一级防洪城市,水情信息十分敏感,因此要求长沙综合枢纽具有先进的水文测验网和准确、及时的水情自动测报系统。

水情自动测报系统建设的目标是:利用先进的计算机技术、GIS 地理信息系统、数据库管理技术、通信技术等高新技术,应用先进的仪器设备和科技手段,使枢纽管理区间的雨量、水位观测全部实现长期自记和固态存储技术,实现雨量、水位数据自动传输;整体掌握水雨情实时遥测数据,实现水情自动测报;满足枢纽船闸、泄水闸、电厂对水位控制、出入库流量、发电负荷预报等要求,满足在洪水期进行洪水洪峰预报、库区预泄、腾库拦尾等要求。

长沙枢纽水情测报系统建设包括监测站点建设、软件平台系统和机房硬件平台。

3.1 监测站点分布

3.1.1 布设原则

水情自动测报系统中的站网布设原则应是既科学合理,又经济可行。所谓科学合理,是指采集的实时信息具有代表性,在预报模型基本适合本流域雨洪特性的条件下,能取得较高的预报精度;经济可行是指在站点布设、维护基本合理、方便或可行的条件下,以较少的站点获得较好的预报效益。长沙综合枢纽的水情自动测报系统站网布设同样应满足上述基本原则。

根据系统功能、流域暴雨洪水特性、现有站网分布情况、测站交通环境,以及预报模型精度要求等,长沙综合枢纽的站网布设还应遵循以下基本要求:

(1)遥测站网应满足洪水预报、洪水调度、航运和发电调度要求。

(2)符合水情站网布设、水文要素测验等相关技术规范标准要求。

(3)测站分布大致均匀,具有代表性,应能够控制各种类型的暴雨分布、暴雨中心和移动路径,满足水文预报的精度、时效、预见期的要求。

（4）尽量利用现有测站,原则上不变动测站站址,保持原有观测资料的连续性和一致性。

（5）重要水情和关键部位,应有水文（位）站控制。

（6）测站尽可能布设在交通、生活方便和安全的地方,便于建设和维护管理。

（7）测站通信条件良好。

（8）能充分利用大源渡枢纽、株洲枢纽水情测报系统。

3.1.2　具体布设方案

根据监测站布设原则,结合水库任务、湘江流域原有站网及站网论证、流域暴雨洪水特性以及现场查看和电路测试情况进行湘江长沙综合枢纽水情自动测报系统的站网布设。布设站网控制总面积约为 9.4 万 km^2。

长沙综合枢纽站网规划在充分利用现有大源渡和株洲综合枢纽水情测报系统的基础上进行,通过开发全湘江流域的短期洪水预报系统,结合上游枢纽洪水泄蓄情况,使使用方既能掌握对工程安全威胁较大的雨情和水情,又能满足水库防洪、安全航运需要和节省经费等原则,进行水（雨）情自动测报站网遥测站点的布设。

监测站点包括新建 18 个雨量监测站、1 个上游水位雨量监测站和 1 个下游水位监测站,同时共享水文部门已建监测站点 37 个,具体详见表 3.1-1。站网布置图如图 3.1-1 所示。

湘江长沙综合枢纽水情自动测报系统监测站网基本情况一览表　表 3.1-1

序号	站名	河名	监测站地点	监测项目	备注
1	长沙坝上	湘江	湖南省望城区长沙枢纽坝上	雨量水位	新建
2	长沙坝下	湘江	湖南省望城区长沙枢纽坝下	水位	新建
3	达浒	大溪河	湖南省浏阳市达浒镇达浒村	雨量	新建
4	张坊	小溪河	湖南省浏阳市张坊镇张坊村	雨量	新建
5	宝盖洞	浏阳河	湖南省浏阳市古港镇宝盖洞村	雨量	新建
6	目莲渡	浏阳河	湖南省浏阳市普迹镇元霞村	雨量	新建
7	江背	浏阳河	湖南省长沙县江背镇江背村	雨量	新建
8	黄荆坪	捞刀河	湖南省浏阳市淳口镇西湖村	雨量	新建
9	螺岭桥	金井河	湖南省长沙县高桥镇中南村	雨量	新建
10	新开	金井河	湖南省浏阳市龙伏镇新开村	雨量	新建
11	春华	捞刀河	湖南省长沙县春华镇春华村	雨量	新建
12	脱甲	金井河	湖南省长沙县金井镇脱甲村	雨量	新建
13	唐田	情龙河	湖南省长沙县唐田乡唐田村	雨量	新建

续上表

序号	站名	河名	监测站地点	监测项目	备注
14	道林	靳江河	湖南省宁乡县道林镇道林村	雨量	新建
15	先导区	靳江河	湖南省长沙市含浦镇九江村肥水组 131 号	雨量	新建
16	暮云	湘江	湖南省长沙暮云镇北塘村长洪组 421 号	雨量	新建
17	星城	湘江	湖南省望城县星城镇	雨量	新建
18	星沙	捞刀河	湖南省长沙县县城	雨量	新建
19	雷锋	湘江	湖南省望城县雷锋镇	雨量	新建
20	官庄	浏阳河	湖南省醴陵市官庄水库	雨量	新建
21	罗汉庄	捞刀河	湖南省长沙乡高岭乡同心村	水位、雨量	水文
22	双江口	浏阳河	湖南省浏阳市高坪乡双江村	水位、雨量、流量	水文
23	朗梨	浏阳河	湖南省长沙市黎托乡川河村	水位、雨量、流量	水文
24	长沙	湘江	湖南省长沙市	水位、雨量、流量	水文
25	湘潭	湘江	湖南省湘潭市沿江东路 90 号	水位、雨量、流量	水文
26	湘乡	涟水	湖南省湘乡市城关学前街 65 号	水位、雨量、流量	水文
27	八亩田	涟水	湖南省湘乡市棋梓乡八亩田村	雨量	水文
28	马龙桥	涟水	湖南省湘乡市月山乡马龙桥村	雨量	水文
29	水府庙	涟水	湖南省湘乡市水府庙	雨量	水文
30	花门楼	涟水	湖南省双峰县深扶乡瓦窑村	雨量	水文
31	太平寺	涟水	湖南省双峰县洪山电乡杨林村	雨量	水文
32	猪婆山	涟水	湖南省双峰县甘棠乡井塘村	雨量	水文
33	流光岭	涟水	湖南省邵东县流光岭水库	雨量	水文
34	双峰	涟水	湖南省双峰县灯塔乡联阳村	雨量	水文
35	杏子镇	涟水	湖南省双峰县杏子镇	雨量	水文
36	姜畬镇	涟水	湖南省湘潭县姜畬镇	雨量	水文
37	韶山	涟水	湖南省韶山市	雨量	水文
38	射埠	涓水	湖南省湘潭县射埠乡射埠镇	雨量	水文
39	花石	涓水	湖南省湘潭县花石乡超上村	雨量	水文
40	新桥	涓水	湖南省衡山县新桥乡农科村	雨量	水文
41	荷叶	涓水	湖南省双峰县荷叶乡荷叶村	雨量	水文
42	排头	涓水	湖南省湘潭县排头乡	雨量	水文
43	青山桥	涓水	湖南省湘潭县青山桥乡	雨量	水文
44	株洲	湘江	湖南省株洲市芦淞区月形山 66 号	水位、雨量、流量	水文
45	三门	湘江	湖南省株洲县三门镇	雨量	水文

续上表

序号	站名	河名	监测站地点	监测项目	备注
46	大障	渌水	湖南省醴陵市大障乡白果洲村	雨量	水文
47	董背冲	渌水	湖南省醴陵市加树乡冷水潭村	雨量	水文
48	泗汾	渌水	湖南省醴陵市泗汾镇泗汾村	雨量	水文
49	王仙	渌水	湖南省醴陵市王仙乡司徒村	雨量	水文
50	大西滩	渌水	湖南省醴陵市中和街65号	水位、雨量、流量	水文
51	文家市	渌水	湖南省浏阳市文家市乡文家市村	雨量	水文
52	大瑶	渌水	湖南省浏阳市大瑶乡向阳村	雨量	水文
53	潼塘	渌水	湖南省醴陵市南桥乡星火村	雨量	水文
54	萍乡	渌水	江西省萍乡市萍乡镇	雨量	水文
55	上栗	渌水	江西省萍乡市上栗镇象形村	雨量	水文
56	皇图岭	渌水	湖南省攸县皇图岭乡皇图岭村	雨量	水文
57	仙井	渌水	湖南省株洲县仙井乡	雨量	水文

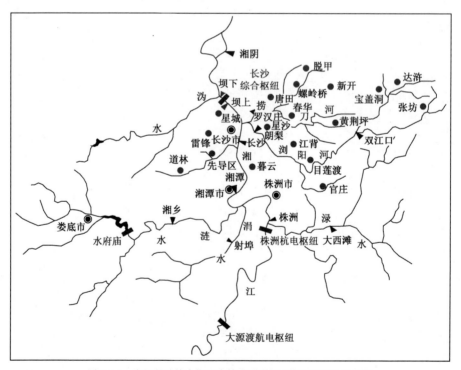

图 3.1-1　湘江长沙综合枢纽水情自动测报系统监测站网分布图

3.2　机房硬件平台系统

机房硬件平台包括数据库服务器、应用服务器、接收工控机、交换机和防火墙设备等。

3.3　软件平台系统

软件平台系统主要由以下子系统组成：中心站数据接收子系统、数据共享子系统、后台应用服务子系统、数据库管理子系统、值班监控子系统、综合信息查询子系统、洪水预报子系统、水调自动化系统等。

各遥测站和中心站均采用单一的星形报汛通信网，经由选定的传输信道（GPRS/GSM）与中心站建立通信，实施水情信息传输。在遥测终端机控制下，自动完成被测要素的采集，将取得的数据经过预处理后存入存储器，并完成数据的传输，传输的整个过程均由系统在规定时间内自动完成，无须人为干预。并通过与水文、气象部门建立数据共享通道，实现库区内已建雨水情监测信息的共享。

中心站设在枢纽厂房控制中心。中心站完成各遥测站点数据的实时收集、存储以及数据处理任务，并负责完成不同预见期的预报成果，为工程防洪、调度提供决策、依据的信息。

长沙枢纽水情自动测报系统通信组网示意图见图3.3-1，其中水调自动化系统网络拓扑图见图3.3-2。

3.4　水情预报系统的运行维护

为加强湘江长沙综合枢纽水情测报系统工程建设项目的运行管理，确保水情测报系统稳定、可靠地运行，并发挥作用，需对水情预报系统进行运行维护。具体的维护范围为：

（1）监测设备的检测、保养和维护。

（2）水情测报中心平台主要包括以下部分的检查、保养、故障诊断和维护：

①服务器所在局域网检查、故障诊断与维护。

②服务器、机房配套设施等设施检查、保养和维护。

③UPS电源设备、防雷避雷设施检查和保养。

④短信平台检查和维护。

⑤系统平台软件检查和维护（包括系统冗余清理、系统更新、系统还原检查）。

⑥应用软件的升级更新。

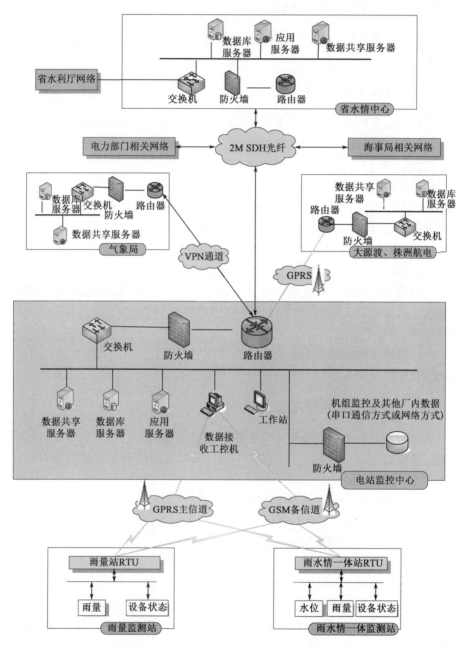

图 3.3-1　湘江长沙枢纽水情预报系统通信组网图

⑦数据库系统的备份。

（3）水情测报系统的定期检查、值班监控、应急响应服务。

（4）人员培训和技术咨询支持。

（5）年度系统应用情况分析报告。

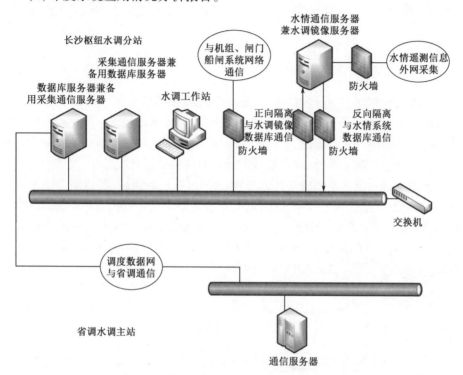

图3.3-2 水调自动化系统网络拓扑图

第4章 长沙综合枢纽设计调度方案及评价

4.1 枢纽总体布置

长沙综合枢纽主要开发任务为:提高株洲航电枢纽以下河段的航道标准和改善航运条件,适当抬高库区城市枯水水位,促进长株潭经济一体化的发展和湘江生态经济带的开发与建设,美化沿江环境,满足沿江两岸生活和工农业生产用水需求并改善其取水条件,改善长沙市湘江两岸的交通状况等。

枢纽主要建筑物沿坝轴线并列布置(图4.1-1),利用副坝、船闸上游主导航墙、泄水闸及电站厂房形成挡水线;从左至右主要建筑物依次为左岸改移防洪大堤、左岸副坝及预留三线船闸、二线船闸、一线船闸、26 孔净宽 22m 的低堰泄水闸、1 孔净宽 7m 的泄洪排污闸、电站厂房、鱼道、蔡家洲副坝(含坝顶门机平台)、20 孔净宽 14m 的高堰泄水闸及右岸副坝。挡泄水坝段总宽度为 1749.6m。

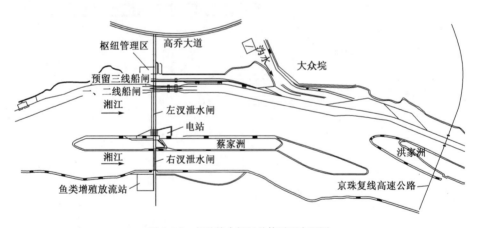

图 4.1-1　长沙综合枢纽总体平面布置图

本工程属于低水头槽蓄型水库,上、下游水头差小,闸坝采用堰顶高程低、泄流能力强、启闭调度灵活的大孔口堰闸。泄水闸堰型采用折线形实用堰,左、右汊堰顶高程分别为 18.5m、25m,弧形工作闸门顶高程为 30.2m[正常蓄水位 29.7m + 0.5m(超高)]。船闸为单级双线,等级为Ⅱ级,闸室有效尺度为 280m ×

34m×4.5m(长×宽×门槛水深),上、下游引航道底高程分别为20.0m、17.5m。船闸上游设计最低通航水位为24.0m,下游设计最低通航水位为21.9m,相应流量为385m³/s(保证率 P =98%)。电站为河床式电站,共装6台单机容量为9.5MW、转轮直径为6.7m的灯泡贯流式机组,总装机容量57MW,多年平均发电量为2.315亿kW·h,年利用小时为4061h。

4.2 水库主要特性

4.2.1 库容曲线

长沙综合枢纽库容曲线根据2004年实测的库区断面计算,库容曲线如表4.2-1所示。

长沙综合枢纽蔡家洲坝址水库容积曲线表　表4.2-1

水位(m)	24.0	25.0	26.0	27.0	28.0
库容(亿m³)	1.49	2.11	2.87	3.79	4.84
水位(m)	29.0	29.7	30.0	31.0	32.0
库容(亿m³)	6.0	6.75	7.26	8.60	10.0

4.2.2 正常蓄水位

长沙综合枢纽正常蓄水位的拟定,结合工程本身的开发任务应基本符合以下原则:

(1)应满足上游梯级水位衔接、下游航道调节枯水流量,改善航运条件的要求。

(2)应满足湘江生态经济带一体化建设需要,尽可能地改善滨水区景观的要求。

(3)应低于长沙市的防汛水位。

(4)不能淹没湘江生态经济带规划范围内拟作为旅游休闲的洲岛。

(5)在满足改善滨水区景观要求的前提下,尽可能减少库区的淹没、浸没范围,降低库区处理费用。

(6)适当考虑发电的需要。

通过对正常蓄水位设定为29.0m、29.7m、30.5m、31.0m四个方案,从多方面进行综合技术经济比较后认为:

(1)29.0m蓄水位方案虽然对库区影响范围小,影响程度低,处理难度小,总投资低;但对改善航运条件,改善滨水景观效果欠佳(特别是株洲段),不能较好地完成项目开发任务,电站财务指标最差,不宜采用。

（2）30.5m 蓄水位方案虽然对改善航运条件,改善滨水景观效果较佳,是较合适的水位级,能很好地完成项目开发任务;但对库区影响范围较大,影响程度较高,处理难度较大,不可预见因素可能较多,总投资增加过多。

（3）31.0m 蓄水位方案虽然对改善航运条件,改善滨水景观效果较好,是较合适的水位级,能很好地完成项目开发任务;但对库区影响范围大,影响程度高,处理难度大,不可预见因素可能较多,总投资增加过多;在现有社会经济条件下宜采用分期实施的方案。

（4）29.7m 蓄水位方案可将长株潭主要港口所在的河段航道等级提高到Ⅱ级航道标准,与株洲枢纽下游千吨级航道标准的水位相衔接(辅以少量整治后,本库区可达Ⅱ级航道标准),可以较好地满足一定时期内航运发展对湘江下游航道的要求,也可为今后Ⅱ级航道向株洲枢纽以上贯通打下基础(株洲航电枢纽已建成 1000 吨级船舶要求的船闸,在最低通航水位 29.70m 时相应门槛最小通航水深为 3.5m,2000 吨级船舶要求的船闸门槛最小通航水深为 4.5m,即在现有水深条件下要增加 1m,可通过修建复线满足 2000 吨级船闸的要求,已建的一线船闸仍维持 1000t 级标准);对改善长沙河段滨水景观基本可行,对改善株洲和湘潭河段滨水景观也有一定作用;水库蓄水对库区的影响虽然略大于29.0m 蓄水位方案,但明显低于 31.0m 蓄水位方案;项目总投资相对较适宜。

综合比较后,统筹兼顾局部与全局利益,统筹考虑各相关方的发展需求,推荐长沙综合枢纽水库正常蓄水位为 29.7m。

4.3 长沙综合枢纽管理模式

湘江干流苹岛以下河段规划的 8 座梯级从上至下依次为潇湘、浯溪、湘祁、近尾州、土谷塘、大源渡、株洲和长沙,见表 4.3-1。表 4.3-1 显示,湘江干流 8 个梯级分属 7 个不同的投资主体,湘江干流梯级枢纽的管理模式为单个枢纽调度运行模式,梯级枢纽之间没有直接联系。

湘江梯级航电枢纽投资及建设现状统计表　　　　表 4.3-1

枢纽名称	潇湘	浯溪	湘祁	近尾州	土谷塘	大源渡	株洲	长沙
状态	已建	已建	在建	已建	在建	已建	已建	已建
投资方	中港合资	湖南新华公司	华能集团公司	五凌公司	湖南省水运投	湖南省水运投	湖南发展	长沙市政府

长沙综合枢纽调度管理模式自身相对较简单,目前长沙市湘江综合枢纽工程办公室下设了水库调度处,由水库调度处下设的水情科负责枢纽水库调度。

4.4 设计水库运行调度方案

4.4.1 水库运行调度应满足的各方面要求

（1）库区防汛防淹

长沙综合枢纽库区内有重要的长株潭城市群,长沙市是省会城市,是国家一级防洪城市。因此库区防讯防淹极为重要,应摆在首要位置。

同时库区内还有渌水、涓水、涟水、浏阳河、捞刀河等流域面积很大、沿岸社会经济发达的大型支流河流。

因此要求高洪水时枢纽泄水闸全部打开泄洪,恢复河流天然行洪状态。由于支流耕地及人口淹没标准均以湘江干流开闸预泄回水外包线时河口水位对应支流2年一遇洪水回水线控制,如发生2年一遇以上洪水时,预报洪水来临前,应预泄腾空部分库容,以控制洪水回水线高度。

（2）城市供水

依据湘发改委〔2005〕16号文批准的《长株潭城市群区域规划》(2003—2020),2020年城市最高日用水量(包括生活用水和工业用水)为818万 t/d,最高日取水流量为97 m^3/s,再加上维持湘江航道通航所需水量,湘江枯水期的自然供水能力将远远不够,会导致较严重的水荒,制约工农业生产和经济的发展,对广大人民群众的生活造成极为不良的影响。因此库区城市供水在枯水期也是非常重要的。

（3）通航

湘江为全国水运主通道之一,库区长株潭城市群及沿江其他城镇社会经济发达,需要高等级航道提供便捷的大宗运力。而长沙综合枢纽正常蓄水位与上游株洲航电枢纽坝下最低通航水位完全衔接,长沙综合枢纽是湘江成为高等级航道必不可少的工程。因此,调度时必须把满足通航要求放在十分重要的位置。

（4）景观

为配合湘江生态经济带的建设,把湘江生态经济带建设成为具有明显的良性循环特征、城乡一体化、生态经济发达、景观环境优美、适宜人类休闲和居住、在国内外享有盛誉的生态经济发展走廊。长沙综合枢纽正常蓄水位形成碧波荡漾的宽阔水面,淹没枯水期脏、乱、差的两岸滩地,以大大改善滨水区的景观,彰显"山、水、洲、城"的城市特色。因此,调度时必须把满足景观要求放在重要的位置。

（5）发电

为改善经济效益,充分利用水能,调度时必须在不与以上目标冲突的前提下满足多发电的要求。

4.4.2 水库运行调度原则

综合考虑以上各方面目标的重要性和时间性要求,提出以下调度原则:兼顾库区防汛防淹、城市供水、通航、景观、发电等目标,并力求使综合效益最大化,当各目标冲突时以上述顺序为优先满足顺序。

水库调度结合下游水位,主要从以下情况进行分析:

(1)坝址下游水位低于28.2m,当入库流量小于4000m³/s时

电站正常发电,超过水轮机引用流量通过泄洪闸下泄,维持正常蓄水位29.7m。

任何情况下均应保证库区内城乡用水,一般应保证(98%保证率)下泄流量之和不得小于下游航运所需的最小流量385m³,为此不得已时应适当降低坝上水位。并协调上游有关水库,动用航运调节流量给予支援。

(2)坝址下游水位高于28.2m,当入库流量小于4000m³/s时

当上、下游水头差小于1.5m最小工作水头时,电站停止发电,开启闸门泄流。坝址处下游水位低于正常蓄水位时,维持正常蓄水位29.7m;下游水位高于或等于正常蓄水位时,泄水闸全开泄流。

(3)当入库流量大于4000m³/s时

当入库流量大于4000m³/s时,或虽小于4000m³/s但预报16h后将大于4000m³/s时,为洪水期,进入防汛防淹为主的调度,并须兼顾船闸通航条件,可发电时仍应继续发电,根据水库预泄调度方式逐渐降低坝前水位,直至恢复天然行洪状态。

水库预泄水位、流量、库容调度过程见表4.4-1,从调度过程可以看出:预泄流量由4740m³/s最大增至7400m³/s,库容最多可腾空13622万m³(总库容由67500万m³降至53878万m³),坝前水位最低可降至28.46m,约28h左右水库就基本恢复天然行洪状态。

水库枢纽预泄调度方式表　　　　　　表4.4-1

时段 (h)	坝前流量 (m³/s)	入库流量 (m³/s)	16h后预报流量 (m³/s)	预泄流量 (m³/s)	预泄库容 (万m³)	水库库容 (万m³)	坝前水位 (m)	下包线天然水位 (m)	能泄预泄流量下游最高水位(m)
						67500	29.70		
20	3200	4000	4740	4740	1066	66434	29.52	26.43	29.46
4	3400	4190	4970	4970	1123	65311	29.43	26.60	29.37

时段 (h)	坝前流量 (m³/s)	入库流量 (m³/s)	16h 后预 报流量 (m³/s)	预泄 流量 (m³/s)	预泄 库容 (万 m³)	水库库容 (万 m³)	坝前 水位 (m)	下包线 天然水位 (m)	能泄预泄流 量下游最高 水位(m)
8	3620	4370	5400	5400	1483	63828	29.31	26.88	29.24
12	3810	4550	5830	5830	1843	61985	29.16	27.17	29.10
16	4000	4740	6390	6390	2376	59606	29.00	27.54	28.95
20	4180	4970	6950	6950	2851	56758	28.71	27.88	28.65
24	4370	5400	7400	7400	2880	53878	28.46	28.14	28.40

4.4.3 水库运行特性

根据上述水库调度运用原则,进行长系列逐日操作计算,并统计求得水库多年运行特性指标如下:

电站最大水头 6.8m,最小运行水头 1.5m,多年平均发电量 23150 万 kW·h,装机年利用小时数 4061h,机组满发流量 1819m³/s,水量利用率 38.5%。

4.4.4 水库洪水调度

长沙综合枢纽库区内有长沙市、湘潭市、株洲市等城市,干支流沿线为标准不高的堤垸堤防,因此水库洪水调度方式采用与上游大源渡航电枢纽、株洲航电枢纽相似的调度方式,即在洪水来临前开启闸门预泄,降低库前水位,至洪水来临时呈天然行洪状态。

长沙综合枢纽洪水调度与上游大源渡航电枢纽、株洲航电枢纽洪水调度虽采用相同的调度方式,但长沙综合枢纽采用的预泄流量是机组的停机流量,而大源渡航电枢纽、株洲航电枢纽采用的流量相当于机组满发流量。

长沙综合枢纽下游水位受洞庭湖水位的顶托,坝址处不同流量对应的水位不是唯一的,在同样的流量下,出现在不同的时间,由于洞庭湖水位高度不一致,导致长沙综合枢纽坝下水位就会有差别。

通过对 51 年逐日径流在参证湘阴站水位的情况下,统计正常蓄水位 29.7m情况如下:

(1)在 51 年系列统计中,入库流量中大于 4000m³/s 的比例为 14.3%,来流量在 4000～4500m³/s 之间的比例占 2.9%,而上下游净水头差大于 1.5m 的概率仅占 0.8%,加权平均水头仅有 1.7m。

(2)来流量在 4500～5000m³/s 之间的比例占 2.3%,而上下游净水头差大于 1.5m 的概率仅占 0.5%,加权平均水头仅有 1.6m。

（3）来流量在 3500~4000m³/s 之间的比例占 3.5%，而上下游净水头差大于 1.5m 的概率占出现概率的 63%，加权平均水头为 2.35m。

从以上统计数据可以看出，来流大于 4000m³/s 时，出现概率仅有 14.3%，而上下游净水头差大于能发电水头 1.5m 的概率更少，并且加权平均水头小于 2.0m，虽能发电，但由于机组受出力限制原因，发电量并不大。

通过以上分析确定，29.7m 正常蓄水位停机流量 $Q=4000m³/s$。库区淹没线计算在考虑停机流量的情况下，结合洪水来流情况提前加大下泄，腾空库容坝前水位逐渐降低，随着入库洪水的加大，坝前水位逐渐降低到接近天然情况。水库淹没范围按开闸预泄回水外包线确定。

4.5　设计水库运行调度方案评价

长沙综合枢纽工程属低水头径流式水电站、槽蓄式水库，位于湘江下游尾闾河段，是湘江干流下游规划的最后一个梯级，库区内有长株潭城市群，水库运行调度需综合考虑库区防汛防淹、城市供水、通航、景观、发电等目标，为此，设计水库运行调度方案主要基于"来多少出多少"的原则运行，即洪水调度为泄水闸全部敞泄，坝前水位的壅高值较小，水库回水在坝前即可尖灭，基本恢复到天然情况；兴利调度根据上游来流量及枢纽上下游水位差进行电站与泄水闸不同开启方式的组合调度，坝前水位正常蓄水位与死水位均为 29.7m，设计调度方案无调节库容。为充分发挥长沙综合枢纽的经济、社会效益，结合本枢纽工程的特点，对设计水库运行调度方案评价如下：

（1）坝址非单一水位流量关系使水库运行调度复杂

长沙综合枢纽坝址处于湘江下游尾闾河段，受下游洞庭湖区及长江干流顶托影响，坝址水位、流量点据较为散乱，水位流量关系远非一元关系。在中枯水流量下，同一流量下最大水位差达 10m 左右，洪水流量下相对较小。复杂的水位流量关系必然使水库的运行调度规则的制定与一般的单一水位流量关系河段不同，需综合考虑多种因素。为此，设计调度方案综合考虑了来流量（明确了开闸预泄流量 $Q=4000m³/s$）和上下游水位差（下游水位以 28.2m 为界，差值小于 1.5m 时电站停机）两个控制因素，为枢纽的调度运行管理提供了依据，在实际调度运行中应充分结合工程配套建设的水情自动测报系统，使用预报径流过程来进行水库调度，即水库预报调度。

（2）低水头径流式电站、槽蓄型水库特点限制水库运行调度方式

长沙综合枢纽为低水头径流式水电站，地处湘江下游，地形开阔，人口密集，经济较发达，库区淹没敏感；水头低、断面过水流量大，水头对发电的影响敏感。

该类型的水库回水淹没处理和水库运行调度方式等诸多方面与调节能力较强的高坝大库不同。

低水头电站因水头低,一般遇水库淹没补偿标准的设计洪水时已不发电,泄洪闸全部打开,水库建库前后坝前水位的壅高值较小,壅水高度仅由闸墩和溢流坝引取,一般可控制在0.3m以内,水库回水在坝前就可尖灭,而影响水库淹没指标的主要是非汛期正常蓄水位对应的较小流量时的常年淹没,这一点与高坝大库有较大的差别。低水头电站回水线有如下特点:在某一蓄水位时,小流量的回水尖灭点离坝址远,大流量的回水尖灭点离坝址近,当闸门全开时回水终点尖灭点移到坝前。

根据长沙综合枢纽工程库区回水计算成果,干流湘江100年一遇至2年一遇各频率洪水回水在坝前均已尖灭,水库淹没范围按开闸预泄回水外包线确定。

低水头径流式电站运行方式,大体可分三种:第一种,全年固定发电正常蓄水位运行方式;第二种,分期固定水位运行方式;第三种,按天然流量大小控制水位运行方式。

低水头电站第一种运行方式要减少库区淹没就得降低正常蓄水位,靠减少发电量来实现。为减少库区淹没,同时又希望尽可能地增加发电量,第二、三种运行方式便成为减少上游库区淹没损失的重要手段之一,第三种运行方式需要建立一套完善的水情测报系统,把流量分成若干段,当预报某一流量等级的来水时,将坝前水位控制在某一高程,以不扩大上游淹没范围。这种运行操作较第一、二种方式复杂,需要不断积累经验和完善的预报系统才能保证调度的可靠性。

长沙综合枢纽设计文件中根据多年来逐日径流水位、流量统计资料,按照入库流量及相应的枢纽建成后的上、下游净水头差所占的比例,提出当流量小于4000m³/s时,坝前基本维持正常蓄水位29.7m;当流量大于4000m³/s时,定义为洪水期,进入防汛防淹为主的调度,电站停机,兼顾船闸通航条件,根据水库预泄调度方式逐渐降低坝前水位,直至恢复天然行洪状态。通过分析认为,机组停机流量应结合库区淹没补偿线和上下游水头综合确定,由于本工程水库淹没范围已划定,在确保工程安全的前提下,为充分发挥电站的发电效益,应根据设计的库区淹没补偿线控制上限的情况,选取控制断面,对流量大于4000m³/s时,降低库区蓄水位后满足淹没补偿上限的流量情况进行计算研究,并结合上下游水头差合理确定机组停机流量。

(3)单一的蓄水位不利于电站发电效益的发挥,应在满足库区通航水深等要求的条件下合理进行调度方案优化长沙综合枢纽库区设计正常蓄水位和死水位均为29.7m,无可调节库容,设计水库运行调度方案主要基于"来多少出多少"的原则运行。由水电站出力基本公式 $N = AQH$ 可知,影响水电站发电量的两个因素是水量和水头,一是水量要尽可能充分利用,二是要提高电站发电水头,减少单位电能水耗率。水电站水库优化运行,实质是如何以最佳方式利用水量和水头的组合,以期获得最大的发电效益。对于本枢纽,当来流量小于机组满发流量(1806m³/s)时,上游水库维持正常蓄水时的高水位,发电水头最大;当来流量大于机组满发流量后,为维持坝前正常蓄水位,需通过开启泄水闸弃水,不能充分利用水量。为更好地利用水力资源,改善电站发电出力,在保证不影响水库淹没、航运等其他效益的情况下,需开展库区变动水位运行调度方式研究,即当入库流量达到某一流量时,枢纽坝前不需要时刻保持29.7m的蓄水位,可以适当降低坝前水位,使库区具有一定的调节能力,进而可以减少弃水,提高水量利用率,充分发挥发电效益。

(4)受上游已建株洲航电枢纽等多方面因素限制,长沙综合枢纽水库蓄水位可变幅度较小

株洲枢纽位于长沙枢纽上游135km,于2006年全面建成投产,已建船闸等级为Ⅲ级,闸室有效尺度为180m×23m×3.5m,预留二线船闸为Ⅱ级。株洲枢纽正常蓄水位40.5m,下游最低通航水位29.7m($P = 98\%$,$Q = 330$m³/s)。为保证湘江水运主通道各梯级最低通航水位衔接,长沙综合枢纽正常蓄水位推荐采用29.7m(2000吨级船舶要求的船闸门槛最小水深为4.5m,即在现有水深条件下要增加1m,可通过修建复线2000吨级船闸予以解决)。株洲枢纽至长沙枢纽共有22处滩险,根据2008年实测的河道地形图,株洲枢纽至株洲一桥24km间的渌口、辰洲、错石和萝卜洲四个浅滩需进一步整治,其他滩险的水深均大于等于3m,满足Ⅱ级航道的要求。29.7m蓄水位方案与株洲枢纽下游最低通航水位刚好衔接,不需进行航道整治就可满足Ⅲ级航道标准要求,只需进行少量整治工程就可满足Ⅱ级航道标准要求,可以较好地满足一定时期内航运发展对湘江下游航道的要求。为保证与株洲枢纽通航水位的衔接,枯水期不能有消落水位,长沙枢纽蓄水位需保持在29.7m;当上游来流量增加到一定程度后,可不受长沙枢纽蓄水位的限制即可满足Ⅱ级航道水深要求,蓄水位允许有一定的变化幅度,但出于改善库区滨水区景观、水能发电等方面的要求,蓄水位不宜低于29.0m,因此,长沙综合枢纽水库蓄水位变化幅度较小。

第5章 长沙枢纽水库淹没范围控制研究

建立株洲枢纽至长沙枢纽间长河段二维水流数学模型,研究库区水面线变化特征;简要分析水库调度对库区通航水深条件的影响;依据设计确定的长沙枢纽水库淹没范围控制方案,计算出水库淹没范围控制线,并分析库区控制断面处(湘潭水文站)不增加水库淹没损失的坝前蓄水位与坝址流量关系,合理确定长沙枢纽预泄的动态控制水位调度线,为后续水库优化调度提供边界约束条件。

5.1 数学模型有关问题的处理

5.1.1 区域转换方程

正交曲线网格的生成方法很多,这里根据有势流的等势线和流线正交的机理生成正交曲线网格。依此生成的网格既能保持正交,又能控制网格的疏密,其转换方程为:

$$C_\eta^2 x_{\xi\xi} + C_\xi^2 x_{\eta\eta} + J^2 (x_\xi P + x_\eta Q) = 0 \qquad (5.1\text{-}1)$$

$$C_\eta^2 x_{\xi\xi} + C_\xi^2 x_{\eta\eta} + J^2 (y_\xi P + y_\eta Q) = 0 \qquad (5.1\text{-}2)$$

式中,(ξ, η) 为变换平面坐标;(x, y) 为物理平面坐标;C_ξ、C_η 为正交曲线坐标系中的拉梅系数,$C_\xi = \sqrt{x_\xi^2 + y_\xi^2}$,$C_\eta = \sqrt{x_\eta^2 + y_\eta^2}$,$J = C_\xi C_\eta$,$P = -\dfrac{1}{C_\xi^2} \dfrac{\partial(\ln k)}{\partial \xi}$,$Q = \dfrac{1}{C_\eta^2} \cdot \dfrac{\partial(\ln k)}{\partial \eta}$,$k = \sqrt{C_\xi / C_\eta}$。

5.1.2 曲线坐标系下模型基本方程及相关问题的处理

(1)模型基本方程

平面二维水流模型基本方程可表示成如下通用微分方程式:

$$\frac{\partial(C_\eta Hu\Phi)}{\partial\xi} + \frac{\partial(C_\xi Hv\Phi)}{\partial\eta} = \frac{\partial}{\partial\xi}\left(\Gamma_\Phi H\frac{C_\eta}{C_\xi}\frac{\partial\Phi}{\partial\eta}\right) + \frac{\partial}{\partial\eta}\left(\Gamma_\Phi H\frac{C_\xi}{C_\eta}\frac{\partial\Phi}{\partial\eta}\right) + S_\Phi$$

(5.1-3)

式中，u、v 为水流在 x、y 方向上的流速，H 为水深，Γ_Φ 为扩散系数，各方程主要差别体现在源项 S_Φ 上，源项是因变量的函数，需对源项 S_Φ 负坡线性化，即：$S_\Phi = S_P\Phi + S_C$，Φ、S_P、S_C 为方程替代项。

（2）水流有关问题的处理

①初始场的确定

初始水位场可利用计算域上、下游水位和断面间距进行线性插值，在断面上可以不考虑横比降。在计算域较长时，可采用推求水面线的办法给出二维域中某几个断面的水位，然后分段进行线性插值。

对于初始速度场，η 方向上 $v = 0$，ξ 方向上 u 由曼宁公式计算得来，并进行断面总流量校正。由于 ξ、η 正交曲线网格是基于势流理论生成，上述沿 ξ、η 方向给值，在势流区初值已离解较近，在回流区初值与收敛解差别较大，但计算表明，随着迭代计算的进行上述初值的影响会逐步消失。

②动边界的处理

河道中的边滩和江心洲等随水位波动边界位置也会发生相应的调整。在计算中精确地反映边界位置是比较困难的，因为计算网格横向间距较大，为了体现不同流量、边界位置的变化常采用"切削"技术，即将露出单元的河床高程降至水面以下，并预留薄水层水深，同时更改其单元的糙率（n 取 10^n 量级），使得露出单元 u、v 计算值自动为 0，水位冻结不变，这样就将复杂的移动边界问题处理成固定边界问题。

5.2 模型建立与验证

5.2.1 计算网格

自长沙枢纽至株洲枢纽建立了二维平面数学模型，模型进口为株洲枢纽坝轴线，出口为长沙枢纽坝址，河段全长约 135km，共布置了 3018×81 个网格。网格纵向尺度平均为 45m，网格横向宽度一般为 10m。研究河段模型网格见图 5.2-1。

5.2.2 模型验证

采用 2007 年 11 月株洲枢纽坝下的水文观测资料对模型进行验证，验证流量根据测流断面 1 号计算得到 $Q = 520\text{m}^3/\text{s}$,验证水尺及测流断面位置如图 5.2-2 所示。

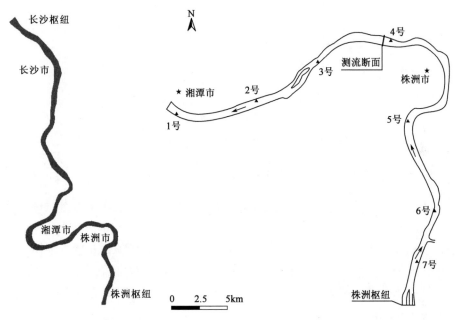

图 5.2-1　株洲枢纽至长沙河段　　图 5.2-2　株洲枢纽坝址下游至湘潭河段河势图
　　　　　模型范围示意图　　　　　　　　　　　及水文测量位置图

由表 5.2-1 和图 5.2-3 可以看出,模型计算水位与实测值的差值在 $\pm0.06\text{m}$ 以内,断面流速分布与实测流速分布趋势基本一致,模型计算精度能满足规范要求。

模型验证结果表(流量 $Q = 520\text{m}^3/\text{s}$)　　　　表 5.2-1

编号	实测值(m)	计算值(m)	差值(m)
1 号	25.24	25.24	0
2 号	25.49	25.48	-0.01
3 号	26.22	26.23	0.01
4 号	26.46	26.51	0.05
5 号	27.59	27.65	-0.06
6 号	29.17	29.14	-0.03
7 号	29.26	29.23	-0.03

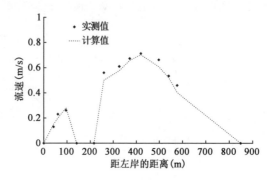

图 5.2-3　520m³/s 时断面流速分布验证（自左岸向右岸）

5.3　库区水面线变化特征

为研究长沙枢纽建成前后库区河段的回水变化特征,选择了五级流量计算长沙枢纽蓄水前后的水面线,计算条件见表5.3-1。计算采用的天然水位主要根据长沙枢纽初步设计文件及《长沙综合枢纽初步设计阶段整体布置方案模型试验研究》的相关成果,采用线性内插的方式得到;蓄水后水位在非敞泄情况下,采用枢纽正常蓄水位29.7m,在敞泄情况下,坝前在天然水位的基础上考虑枢纽建成后水位壅高。

计 算 条 件　　　　　　　　　　　　　　　　　　表5.3-1

流量(m³/s)	天然水位(m)	蓄水后坝址水位(m)
3000	25.03	29.7
3500	25.43	29.7
4000	25.83	29.7
13500	32.57	32.63
19700	34.51	34.59

由图5.3-1可以看出,在天然情况下,对于计算的三级流量($Q = 3000\text{m}^3/\text{s}$、$3500\text{m}^3/\text{s}$、$4000\text{m}^3/\text{s}$),河段比降自下游向上游虽有缓慢上升,但变化幅度较小,水面线近似平行抬升;在枢纽正常蓄水位29.7m时,库区水面线在下游段变化比降平缓,上游段比降逐渐增大,呈现翘尾现象。对于计算的两级大流量($Q = 13500\text{m}^3/\text{s}$、$19700\text{m}^3/\text{s}$),由于枢纽完全敞泄,枢纽蓄水前后河段的比降变化不大。表5.3-2给出了典型河段区间的比降。

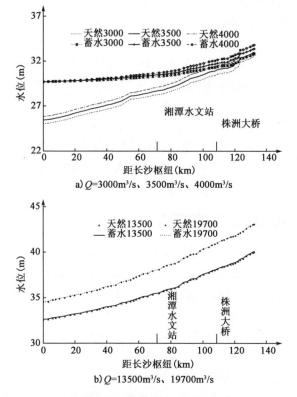

a) Q=3000m³/s、3500m³/s、4000m³/s

b) Q=13500m³/s、19700m³/s

图 5.3-1　枢纽蓄水前后典型流量下的水面线沿程变化图

枢纽蓄水前后典型河段区间的比降变化对比表　　　　　表 5.3-2

流量 （m³/s）	长沙枢纽—湘潭水文站（‰）		湘潭水文站—株洲枢纽（‰）	
	天然	蓄水后	天然	蓄水后
3000	0.045	0.009	0.070	0.041
3500	0.046	0.011	0.070	0.047
4000	0.046	0.014	0.071	0.051
13500	0.040	0.041	0.074	0.075
19700	0.049	0.049	0.082	0.083

5.4　水库调度对库区通航水深条件的影响

　　长沙枢纽水库调度将会引起库区水面线的变化,进而对上游航道水深条件造成影响,由于结合长沙枢纽工程进行的湘江2000吨级航道工程建设后,影响库区航道水深变化的节点在株洲枢纽船闸,因此,在长沙枢纽水库调度时,对上游航道通航水深的影响仅考虑对株洲枢纽船闸下游引航道的影响即可。

株洲枢纽下游设计最低通航水位为29.7m,对应的最小通航流量为330m³/s。然而,在株洲枢纽运行后,由于湘潭段河道的大量采沙,造成向上游溯源冲刷,坝下河道同流量下的枯水水位已发生明显下降。经多次试算,确定当株洲枢纽最小通航流量为330m³/s时,为保证株洲枢纽下游引航道水位为29.7m,长沙枢纽坝前最低水位为29.5m。若长沙枢纽坝前蓄水位进一步降低,为保证株洲枢纽下游引航道水位为29.7m,株洲枢纽必须加大下泄流量,经计算,当长沙枢纽坝前水位降低至29.0m时,最低下泄流量至少为500m³/s。

5.5 枢纽库区淹没控制研究

湘潭水文站为湘江下游的控制性水文站,位于长沙与株洲之间,下距长沙枢纽约69km,上距株洲枢纽约66km。为研究长沙枢纽水库正常调度时对于上游淹没的影响,以湘潭水文站作为控制性淹没点,研究在不增加湘潭水文站河段淹没损失的情况下,不同枢纽蓄水位下对应的来流量。

当长沙枢纽正常蓄水位为29.7m,流量 $Q = 4000$m³/s 时,湘潭水文站水位为30.68m。以不增加湘潭水文站河段淹没损失作为约束条件,经过多次试算,计算了长沙枢纽不同蓄水位情况下对应的最大来流量,见表5.5-1及图5.5-1。可以看出,随来流量增加,长沙枢纽坝前蓄水位需逐渐降低。当来流量为4950m³/s时,长沙枢纽坝前蓄水位应为29.0m;当来流量为5400m³/s时,长沙枢纽坝前蓄水位应为28.5m。

以湘潭水文站水位作为约束的长沙枢纽   表5.5-1
不同蓄水位对应的最大来流量

序　号	坝址水位(m)	来流量(m³/s)
1	29.7	4000
2	29.3	4600
3	29.0	4950
4	28.7	5250
5	28.5	5400

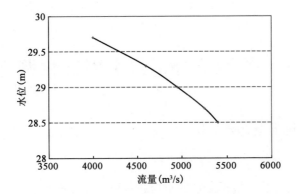

图 5.5-1 以湘潭水文站水位作为约束的长沙枢纽坝址水位流量关系曲线图

第6章　长沙综合枢纽水库优化调度研究

6.1　优化调度方法研究

6.1.1　优化调度方法介绍

常规的调度方法是根据制定的水电站水库调度图进行的,其在任何年份,不论来水丰枯,只要在某一时刻的库水位相同,就采取完全相同的调度方式。这种方式存在缺陷,实际上各时期来水量变化很大,如不能针对面临时段变化的来水流量进行水库调度,则很难充分利用水能资源,达到最优调度以获得最大的效益。

水库优化调度是一个多阶段决策过程的最优化问题,是在常规调度和系统工程的一些优化理论及其技术的基础上发展起来的。其基本内容可描述为:根据水库的入流过程,遵照优化调度准则,运用最优化方法,寻求比较理想的水库调度方案,使发电、防洪、灌溉、供水等各部门在整个分析期内的总效益最大。通过水库优化调度,可以解决各用水部门之间的矛盾,经济、合理地利用水资源及水能资源。开展水库的优化调度研究工作,提高水库的管理水平,几乎在不增加任何额外投资的条件下,便可获得显著的经济效益。

水库优化调度应解决两个问题,一是如何建立水库优化调度数学模型,二是如何选择求解这种数学模型的最优化方法。前者包括确定目标函数和相应的约束条件,可供后者选择的最优化方法主要有线性规划、非线性规划、动态规划、逐步优化算法、遗传算法、大系统分解协调、模糊数学及人工神经网络等。

(1)线性规划(LP)

线性规划是静态优化方法,其数学模型的目标函数和约束条件均是线性的,该法于1939年提出。现在线性规划模型已发展成应用最为广泛的一种规划方法,有成熟、通用的求解方法及程序,因此在水资源系统规划、设计、施工和管理运行中都已得到广泛应用。

(2)非线性规划(NLP)

非线性规划能有效地处理许多其他数学方法不能处理的不可分目标函数和非线性约束优化问题。但由于其优化过程较慢,需占用大量计算机内存,且比线性规划复杂,无通用求解方法和程序,一般是根据数学模型的具体形式寻求具体的解法,这使得它在水资源系统分析中的应用不如动态规划及线性规划那样广泛。

（3）动态规划（Dynamic Programming, DP）

动态规划是解决多阶段决策过程最优化的一种数学方法,根据多阶段决策问题的特点,把多阶段决策问题变换为一系列互相联系的单阶段决策问题,然后逐个加以解决。其特点是易于引入水资源系统的非线性和随机性,并可以把高维问题分解为一系列低维递推子问题求解;缺点是用 DP 法求解时,需要离散状态变量,占用内存多,计算工作量大,耗费机时,易导致维数灾。在水库（群）优化调度中,DP 一般以时段作为阶段,时段单位可以是季、月、旬,也可以是周、日、时;时段长度可以是均匀的,也可以是不均匀的。状态变量的选取原则是满足无后效性,由于 DP 法存在"维数灾"（即随着状态变量维数的增加,所需的计算机内存和机时会大大增加,甚至使问题无法求解）,因而状态变量的选取必须慎重,一般来说,各库时段初库蓄水量或水位是首选的状态变量。至于决策变量,可取面临时段各库的排放流量、时段末库水位。

①随机型动态规划（SDP）[37-45]

随机动态规划模型较好地反映了径流实际,一般以年为周期进行循环计算,可得到稳定的运行策略和调度图。其缺点是计算工作量太大,尤其当水库数目增加时,往往产生无法避免的"维数灾",所以它常用于单库优化调度中,对水库群目前只限于两个水库。

当入库径流为随机时,不仅本时段或下时段需考虑不同概率的入流量,相应的目标亦为计入不同概率流量的数学期望值,而且当相邻时段径流间具有密切的相关关系需要计入时,增加了一个状态变量,使得问题更为复杂。根据相邻时段径流间是否相关和有无本时段径流预报,可将随机型水库群优化调度分为四类[46]。

对于水电站水库群（共 p 座水库）在时段 t（逆时序编号）的状态 S^t 有四种情况,分别为:

a. 相邻时段径流相互独立,本时段无径流预报,此时只有一个状态变量 V^t。

b. 相邻时段径流独立,本时段有预报,此时有两个状态变量 V^t、$Q^t_{预}$。

c. 相邻时段径流相关,本时段径流无预报,此时也有两个状态变量 V^t、Q^{t-1}。

d. 相邻时段径流相关,本时段有预报,与第二种情况一样,仍有两个状态变量 V^t、$Q^t_{预}$。

②确定型动态规划

其研究比随机型 DP 晚将近十年,优点是计算工作量相对较小,可选用的优化方法多,包括离散微分动态规划(DDDP)、增量动态规划、微分动态规划等;缺点是径流资料太短时,所获得的优化调度代表性差,最优性在理论上没有保证。若用模拟法生成人工径流资料,可弥补其代表性差的缺点,同时也考虑了径流的随机因素。

对于确定型动态规划,虽然入库径流是确定的,计算量小得多,但当考虑的水库数目较多时,仍会遇到维数灾问题。因此各国学者一直致力于寻求有效的降维方法,目前已提出多种有效的改进方法,使求解的库群数可达数十个。Jacobsen D. 和 Mayne D.(1970)在微分动态规划的基础上发展了约束微分动态规划,并以一个由 10 个水库组成的库群为例进行了验证[47]。

(4)逐步优化算法(POA 算法)

逐步优化算法适用于求解多阶段动态优化问题,属于 DP 算法,但 POA 不需要离散状态变量,且占有内存少,计算速度快,并可获得较精确解。以水库优化调度为例,先假设调度期为 n 个时段,其调度期初始时刻的水库水位 1、终止时刻的水库水位 $n+1$ 为定值,则两时段滑动寻优算法的步骤如下:

第一步,确定初始状态序列(初始调度线)。根据长系列径流资料,在水库水位允许变幅范围内拟定一条初始调度线 $1,2,3,\cdots,n,n+1$。

第二步,从起始时刻起,取最前两个时段 Δt_1 和 Δt_2,固定水库水位 1 和水库水位 3,调整水库水位 2,使 Δt_1 和 Δt_2 两时段内的目标函数值达到最优,此时得到水位的新轨迹 $1,2,3,\cdots,n,n+1$。

第三步,同理,依次向右滑动,最后固定水库水位 $n-1$ 和库水位 $n+1$ 寻求最优水位 n,使 Δt_{n-1} 和 Δt_n 两时段目标函数值总和最大。

第四步,以刚才所求的优化调度线为初始调度线,用同样的方法寻优,如果求得的优化调度线与初始调度线不满足精度要求,则重复第二步和第三步,否则所得结果即为最优调度线。

(5)遗传算法(Genetic Algorithm, GA)

遗传算法[48,49]是模拟生物在自然环境中的遗传和进化过程而形成的一种自适应全局优化搜索算法。它具有并行计算的特性与自适应搜索的能力,可以从多个初值点、多路径进行全局最优或准全局最优搜索,尤其适用于求解大规模复杂的多维非线性规划问题。用遗传算法求解水电站水库群优化调度可理解为:水电站运行环境下的 n 组初始放水流量序列 $Q_{i,j}$ 受模型约束条件制约,通过目标函数评价其优劣,评价值低的被抛弃,评价值高的才有机会将其特征遗传至下一轮解,这样最终在群体中将会得到一个优良的个体达到或接近问题的最优解。计算步骤如下：

第一步,确定遗传算法的运行参数。

第二步,确定决策变量和约束条件并建立优化模型。

第三步,确定编码方法、个体评价方法。

第四步,随机产生初始种群。

第五步,遗传操作,包括选择、交叉、变异运算。

第六步,收敛准则判定,用下式或给定最大迭代次数作为收敛准则：

$$|f(n+1)-f(n)| \leq \varepsilon$$

其中,$f(n)$表示第n代最优染色体的适应度值,$f(n+1)$表示第$n+1$代最优染色体的适应度值。

第七步,如果满足精度,输出最优个体,计算结束;否则返回第五步。

(6)大系统分解协调

为了解决多于两库的库群随机优化调度问题,国内主要采用大系统分解[50,51]技术及其他优化方法,同时对径流的时空相关关系适当简化来克服"维数灾"。由于水资源具有多级谱系结构,使得分解协调技术成为解决大规模复杂模型的有效途径之一。其做法是先将复杂的大系统分解为若干个简单的子系统,以实现子系统局部最优化,再根据大系统的总任务和总目标,使各子系统相互协调配合,实现全局最优化。这种分解—协调—聚合方法与一般优化法相比,具有简化复杂性、减小工作量、避免维数灾的优点,它可直接利用现有不同模型以求解子系统,并可用于静态及动态系统。其缺点是收敛性差,即使收敛,也需要较长的时间,对随机入流的考虑有困难。

"分解—协调"算法是大系统优化中很有效的方法,其中最常用的是两级结构。第一级是上级协调器,解决各子系统的相互耦合,实现大系统的优化;第二级是下级子系统,解决各子问题的优化。

用"分解—协调"法求解水库群调度时,首先要将M库之间的联系分解成为M个独立子问题(单库优化),然后通过二级协调器把各子问题联在一起,并协调各子问题的最优解,使之满足关联约束。一旦满足,则各子问题的最优解即为系统最优解。

(7)模糊数学

以美国控制论专家 L. A. Zadeh 创建的模糊数学为基础建立的模糊数学模型,将模糊优选模型与经典优化技术融为一体,在有限可行域内寻找满意的调度方式,从而指导水库群运行,该模型不仅具有处理模糊信息的能力,还具有处理复杂系统中定性目标、对立目标等问题的能力。

(8)人工神经网络(Artificial Neural Networks，ANN)

人工神经网络[52]以生物神经网络为模拟模型,具有自学习、自适应、自组织、高度非线性和并行处理等优点。ANN可以用于多元回归分析,得到隐随机优化的确定优化规则。在众多的ANN模型中,多层前馈神经网络模型是应用最多的一个,通常用反向传播学习算法(BP算法)对其学习训练。BP网络设计的任务是根据实际应用的具体要求确定适当的网络结构和参数组合,包括网络层数、每层的神经元数及所有的连接权值、阈值。目前,网络结构参数的确定还缺乏系统化的方法,通常采用反复试验的方法进行;网络权值的确定依靠现存的学习算法,通过对样本实例的学习训练来确定。BP算法存在学习速度缓慢,易陷入局部最小值的缺陷。

其他优化方法也有多种,如采用多年内逆推动态规划和年间逐次逼近法、求解串并混联水库优化调度的多目标多层次法、库群优化调度的余留期效益迭代法、隐随机优化调度函数法、隐随机递阶控制进行水库群的优化调度法等[53-67]。

6.1.2　长沙综合枢纽水库优化调度方法的选择

动态规划是解决多阶段决策过程比较优化的一种数学方法,通过分析系统的多阶段决策过程以求得整个系统的最优决策方案,而且不受目标函数和约束条件的线性、凸性或连续性的要求。由于动态规划可以把复杂的初始问题划分为若干个阶段的子问题,逐段求解,所以可以较好地反映径流实际情况,长期以来它成为水库优化调度中最常用的一种方法,尤其对单库优化调度效果良好,为此,长沙枢纽水库优化调度选用动态规划法进行优化。

应用动态规划法求解水库优化运行时,就是按时间过程把水库调度过程分为若干时段,在每个时段都根据时段初水库的蓄水量、该时段的入库径流量及其他已知条件,做出本阶段放水量的决策。在选定本阶段放水量的决策以后,可根据水量平衡原理得到本时段末(即下一时段初)的水库蓄水量,并以此作为下一时段初的初始蓄水量,对下一阶段的放水量做出决策。随着时间过程的递推,依次做出各个时段放水量的决策系列。在选择各个时段的最优决策(最优放水量)时,不能只考虑本阶段所取得效益的大小,而要争取在长期内的总效益达到最大。

本书拟利用动态规划法从以下三个方案进行调度研究:方案一,以发电量最大为目标的长沙综合枢纽调度模型及方案研究;方案二,以保障下游航运基流提高通航保证率为目标的长沙综合枢纽调度模型及方案研究;方案三,长沙综合枢纽水库多目标调度决策与方案研究。

6.2　以发电量最大为目标的长沙综合枢纽调度模型及方案研究

6.2.1　模型建立

模型(方案一)建立主要包括以下步骤：

①划分阶段：根据典型年的径流周期，在建立数学模型过程中以年为调度周期，将调度期按月度或旬划分时段。在多阶段决策过程中，由开始阶段出发，由前向后递推，直到最后一个阶段结束。

②选择状态变量与决策变量：在划分的每一个阶段中包括若干个状态(入库流量、坝上水位)变量；在水库调度过程模拟中，水库入库径流用已知的时间序列来描述，以各阶段初的水库水位或蓄水量作为状态变量，以各时段的下泄流量作为决策变量。

③确定状态转移方程：状态转移方程就是由上一阶段转移到下一阶段的方程。上一阶段的决策变量一经确定，根据水量平衡方程式，下一阶段初状态变量就完全确定。

④确定目标函数和递推方程：建立以年发电量最大为目标函数，目标函数是衡量多阶段决策过程实现的效果，它是定义在各阶段全过程上的函数，通过递推方程求解。

⑤确定约束条件：包括水量平衡约束；下游航运水量约束；水轮机预想出力约束等。

动态规划方法可以从中找出一个最优的决策组合，即一个最优策略(调度方案)。其求解过程一般是逆序求最优目标函数。优化长沙综合枢纽丰水年、中水年、枯水年各典型年日调度方案。

(1)目标函数

在确保水库运用安全的前提下，电站发电量最大是方案一水库调度的目标函数。

以发电量最大为目标的长沙综合枢纽调度模型中考虑选用了四个典型年来分析各类典型年年内的调度过程，分别为：历史最枯年(1963 年)、枯水典型年(2007 年)、中水典型年(2005 年)及丰水典型年(1994 年)。

本方案目标函数建立在城市供水、灌溉得到保证的基础之上，计算中城镇工业、生活用水、农业灌溉用水、水面扩大蒸发水以及枢纽船闸用水未来增量共计88m³/s 均在入库径流中扣除(入库径流中原已扣近期用水)。其目标函数为：

$$f = \max_i \sum_{t=1}^{365} N(t,i) \cdot \Delta t$$

（2）阶段、状态、决策变量

①阶段变量:通过分析长沙综合枢纽水文资料,根据其周期性特点,确定以年为调度周期,调度时段根据计算精度按日来划分。以年内时段 $t(t=1,2,\cdots,365)$ 作为阶段变量。

②状态变量:以水库蓄水量 $V(t,i)$ 作为状态变量。$i(i=1,2,\cdots,70)$ 代表状态离散点。

③决策变量:一般以第 i 时段的电站出力或引用流量作为决策变量。这里采用水电站各时段发电流量 $Q_P(t,i)$ 为决策变量。

（3）状态变量的离散化处理

由于水库的水位或库容在实际中是连续变化的变量,为方便计算,本书将水库的水位进行离散化处理,把水库水位从 $29.0\sim29.7m$ 以 $0.01m$ 为步长划分为 70 等份,相应的每一时段有 70 个水库库容状态值,每个时段都一样,状态变量可取此 70 个离散值。这部分计算采用逆时序法在水位、流量、出力等约束条件下逐个求出与该目标函数值相对应的出力、时段放水量、水位、库容等。

（4）动态规划的递推方程（逆时序）

$$F(t,i) = \max_{ii}\left[N(t,i) \cdot \Delta t + F(t+1,ii) \right]$$

（5）约束条件

主要考虑如下约束条件:

①水量平衡约束:

$$V(t+1,ii) = V(t,i) + Q(t) - Q_P(t,i) - W(t,i)$$

②水位约束:

$$Z_1 \leqslant Z(t,i) \leqslant Z_2$$

一般情况下,非汛期的下限水位取为水库的死水位。因调度水库的死水位与正常蓄水位 $29.7m$ 相等,故缺少调节库容。研究时考虑将水库运行下限水位适当降低,以获取一定的调节库容。根据设计调度方案,若考虑到发电效益,水库蓄水位不应小于 $29.0m$,当流量 $Q<4000m^3/s$ 时,$Z_1=29.0m$,$Z_2=29.7m$;为在不增加库区淹没的情况下充分利用汛前流量,依据 4.5 节计算成果可知,当 $4000m^3/s\leqslant Q\leqslant5400m^3/s$ 时,$Z_1=28.5m$,$Z_2=-0.0000000001374Q^3+0.0000016952796Q^2-0.0076168865026Q+41.837$;当 $Q>5400m^3/s$ 时,泄水闸敞泄。

③电站引流量约束:

$$0 \leqslant Q_P(t,i) \leqslant Q_{Pmax}$$

④灌溉、旅游、城市供水等用水约束:

$$V(t,i) \geqslant M(t,i)$$

式中,$M(t,i)$为t时段i状态时,满足灌溉、旅游、供水、养殖及野生动物保护要求时水库必须维持的最低蓄水量。一般来流量均大于$M(t,i)$,且用水已在来流过程中考虑,故该约束已经满足,在计算时可以略去。

⑤水轮机水头约束:

$$H_{min} \leqslant H \leqslant H_{max}$$

⑥水轮机出力约束:

$$NN \leqslant N(t,i) \leqslant N_Y$$

上述各式中,$N(t,i)$表示t时段水库蓄水状态从$V(t,i)$转移到$V(t+1,ii)$时的电站出力;N_Y为电站装机容量,本工程为5.7万$kW \cdot h$;Q_{Pmax}为电站最大过水能力;$W(t,i)$为t时段i状态时,水库可能发生的弃水量;$F(t,i)$表示水库蓄水状态从$V_P(t,i)$出发,未来时段均采用最优策略,连续运行所得的电能效益。根据初设报告,电站最大水头H_{max}为$6.8m$,最小运行水头H_{min}为$1.5m$。

6.2.2　模型求解和结果分析

（1）坝址水位流量关系选取

长沙枢纽地处湘江尾闾,水位受洞庭湖、长江顶托影响明显,坝址水位—流量关系呈带状分布,同流量下的水位相差最大在$10m$左右;湘江干流流量越小,水位顶托影响越明显。

水库优化调度中坝址不同的水位—流量关系,将直接影响计算结果。由2.5节可知,根据枢纽上下游相关水文（位）站$1952—2008$年资料系列,推算出了坝址水位流量关系,但其远非一元关系。为了模拟天然的实际发生的情况,对于某一流量下的水位控制,引入多年发生的频率概念,某一流量下的水位值发生频率越高,在控制流量水位的权重就越大,然后加权平均求得控制水位值,近而推算出坝址单一水位—流量关系（图6.2-1）。

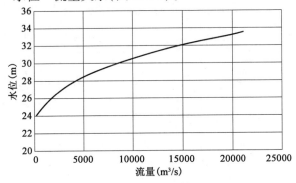

图6.2-1　坝址单一水位—流量关系曲线

（2）水头损失、出力系数

电站水头损失考虑引水系统的局部与沿程水头损失，本书参照同流域上游已建的大源渡和株洲航电枢纽的资料并结合长沙综合枢纽本身的实际情况，水头损失的平均值采用0.35m。

根据厂家提供的机型资料，本阶段选用灯泡贯流式机组，对照同类型水电站实际运行情况并结合本身电站水头特点，计算中综合出力系数采用8.3。

（3）模型求解

选用动态规划方法编程求解，求解时可从最末时段开始，按动态规划逆时序递推公式进行逐时段逆向向前递推，直到初始时段，所得最优调度轨迹在递推中逐渐清晰，在第一时段得以最终确定。最后顺向按最优决策进行计算，即可确定各时段的泄流及水位变化情况。

模型求解程序框图见图6.2-2。

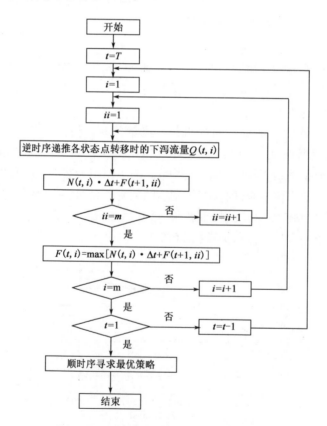

图6.2-2　水电站水库优化调度主模块程序框图

（4）以发电量最大为目标的优化调度结果分析

当以发电量最大为目标时，各典型年优化调度方案与设计调度方案的发电情况见表6.2-1。

优化方案与设计方案对比（发电量最大）　表6.2-1

发电情况	历史最枯典型年		枯水典型年		中水典型年		丰水典型年	
	优化方案	设计方案	优化方案	设计方案	优化方案	设计方案	优化方案	设计方案
累积发电量（亿kW·h）	2.5431	2.5332	3.2552	3.2409	3.0264	2.9899	3.0889	3.0596
增发电量（亿kW·h）	0.0099		0.0143		0.0365		0.0293	
增发电量百分率（%）	0.392		0.441		1.21		0.958	

由表6.2-1可以看出：历史最枯年（1963年）累计发电量约为2.5431亿kW·h，比不优化时的2.5332亿kW·h提高了约0.392%；枯水典型年（2007年）累计发电量约为3.2552亿kW·h，比不优化时的3.2409亿kW·h提高了约0.441%；中水典型年（2005年）累计发电量约为3.0264亿kW·h，比不优化时的2.9899亿kW·h提高了约1.21%；丰水典型年（1994年）累计发电量约为3.0889亿kW·h比不优化时的3.0596亿kW·h提高了约0.958%。

根据水库优化调度前后结果对比，当以发电量最大为目标时，分析水库运行调度方案各典型年遵循的基本原则（以1963年调度前后比较为例）如下：

由表6.2-2可以看出：优化调度前，由于第113天出库流量过大（4930m³/s），上游来流量大，坝下水位过高，此时，水位差不满足水轮机发电要求，水轮机不发电。水库优化调度运行时，为使发电量最大化，可结合水情预报系统，提前腾空部分库容，在第112天时较天然来流量多下泄948m³/s，相应库水位变为29.25m，则第113天上游来流为4930m³/s时，而出库流量可以减小到3982m³/s，原本弃水敞泄的流量可以通过径流调节为发电流量，进而增加有效发电天数。虽然优化调度运行方案使第112天的发电量与调度前相比有所减小，但增加了第113天发电量，与调度前相比，可累计多发电342097kW·h。可见通过水库调度运行可以增加发电天数，相应地，类似的其他典型水文年的调度结果也有该表中反映出的调度规律。

由表6.2-3可以看出：当以发电量为最大目标时，从第314天到第319天，天然来流量不断增加，此时相应增大出库流量，腾空一定的库容（但不应盲目腾空到库区水位29.0m），第317天时，腾空至库区水位29.66m后，又开始蓄水恢复到接近 29.70m。同时，由表可以看出：由于长沙综合枢纽电站最大引流量为 1806m³/s，当大于该流量时，多余流量需通过开启泄水闸弃水，为充分利用上游来流量，减少弃水，可结合水情预报系统，当预报后期来流量较大可能产生弃水时，可提前增大出库流量，腾空部分库容，如从第 319 天开始逐渐增大出库流量，直至第 324 天，腾空至库区水位 29.03m，而后随上游来流量增加逐渐回蓄至 29.7m。通过上述优化调度后，可累计减少弃水约 615 万 m³，累计多发电 757274kW·h。可见通过适当的水库调节，改变泄流过程，可减少弃水，增加发电量。相应地，类似的其他典型水文年的调度结果也有表 6.2-3 中反映出的调度规律。

优化调度前后发电量比较（一）　　　　　　表 6.2-2

天数	优化调度前			优化调度后			优化调度前后对比		
	出库流量	库水位	发电量	出库流量	库水位	发电量	流量变化	多发电量	累计多发电量
第 t 天	m³/s	m	kW·h	m³/s	m	kW·h	m³/s	kW·h	kW·h
112	2561	29.7	1154487.27	3509	29.25	808889.2	948	−345598	—
113	4930	27.89	0	3982	29.7	687695.62	−948	687695	342097

优化调度前后发电量比较（二）　　　　　　表 6.2-3

天数	优化调度前			优化调度后			优化调度前后对比		
	出库流量	库水位	发电量	出库流量	库水位	发电量	流量变化	多发电量	累计多发电量
第 t 天	m³/s	m	kW·h	m³/s	m	kW·h	m³/s	kW·h	kW·h
314	206	29.7	224562	206	29.7	224562	0	0	—
315	226	29.7	245367	244	29.69	263966	18	18599	18599
316	251	29.7	271129	306	29.67	325211	55	54082	72681
317	339	29.7	359671	357	29.66	374797	18	15126	87807
318	542	29.7	551458	469	29.69	482090	−73	−69368	18439
319	566	29.7	573006	584	29.68	587690	18	14684	33123
320	517	29.7	528762	718	29.59	694301	201	165539	198662
321	527	29.7	537871	855	29.43	781692	328	243821	442484
322	682	29.7	673868	1010	29.28	860148	328	186280	628763
323	850	29.7	810479	1196	29.11	936220	346	125741	754504
324	1307	29.7	1128015	1489	29.03	1044354	182	−83661	670844
325	2197	29.7	1265676	1796	29.22	1176704	−401	−88972	581872
326	2486	29.7	1177016	1812	29.54	1271070	−674	94054	675926
327	2154	29.7	1279125	1808	29.7	1360473	−346	81348	757274

图6.2-3～图6.2-6给出了四个典型年中以发电量最大为目标的长沙综合枢纽流量调度过程,各典型年情况下的基本调度规律为:

①在历史最枯水年(1963年),年内洪水出现的次数少,通过提前腾库容增加可发电天数,主要有第112天至第113天和第133天至第134天两次,通过水库优化调度增加发电量不多。而年内中枯水流量较多,且在机组满发流量(1806m³/s)附近逐日来水量变化较大,可供调度的天数较多,从第148天至第155天、第314天至第327天以及第337天至第343天,随着径流来流量的逐渐增大,均可以先适当加大出库流量腾空一定的库容,一段时间后,再减小出库流量恢复库水位到29.7m,充分利用上游来流量,减少弃水,增加发电量。因此,在出现上述枯水年时,应充分利用来流量逐步增大的过程,增大出库流量,腾空一定的库容,以备大流量时尽量增加蓄水和发电量,但不应盲目腾空至29.00m水位(如第152天只需腾空至29.24m、第324天只需腾空至29.03m水位即可)。

②在枯水年(2007年),除特殊的几天外,由于在机组满发流量附近逐日来水量变化不大,故一般不需提前腾出库容,只需保证库区水位线为29.70m就可达到发电量最大的目标。但需要注意的是,当出库流量大于设计调度方案拟定的预泄流量(4000m³/s)时,可根据水情预报系统预报的上游来流量,通过适当降低坝前蓄水位减少库区淹没影响,若坝上下水位差可发电时,电站仍应继续发电。随下泄水量继续增大,水位差不满足发电时,要根据水库预泄调度方式逐渐降低坝前水位,直至恢复天然行洪状态。

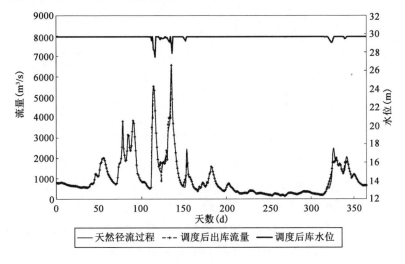

图6.2-3　历史最枯年(1963年)调度过程

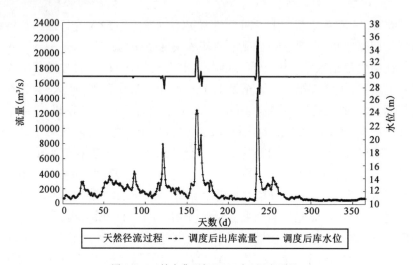

图 6.2-4　枯水典型年(2007 年)调度过程

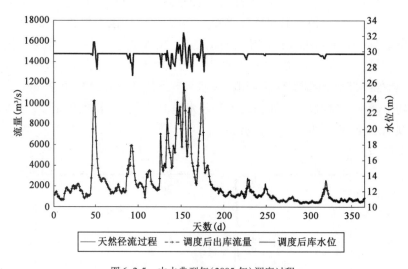

图 6.2-5　中水典型年(2005 年)调度过程

③在中水年(2005 年)和丰水年(1994 年),年内洪水出现的次数相对较多,且年内中枯水流量较多,在机组满发流量(1806m³/s)附近逐日来水量变化较大,因此,可供调度的天数较多。如 2005 年第 45 天至第 46 天、第 88 天至第 91 天、第 128 天至第 132 天以及第 179 天至第 181 天,均可通过水库优化调度增加可发电天数而增加发电量。2005 年第 223 天至第 229 天、第 246 天至第 250 天以及第 311 天至第 321 天,均可先加大出库流量腾空一定的库容,一段时间后再

减小出库流量恢复库水位到29.7m,通过减少弃水,增加发电量。

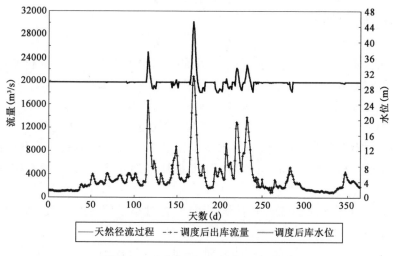

图6.2-6　丰水典型年(1994年)调度过程

6.3　以提高通航保证率为目标的长沙综合枢纽调度模型及方案研究

6.3.1　模型建立

以提高通航保证率为目标的长沙综合枢纽调度模型建立步骤(方案二)与方案一相似,主要区别在于目标函数和相关约束条件有所区别。

(1)目标函数

以保障下游航运基流提高通航保证率为目标的长沙综合枢纽调度模型目标函数可用下式表示:

$$f = \max[\text{COUNT}(t)]; 其中, t \in \{Q_{Px}(t,i) \geq Q_{Pxmin}(t,i)\}$$

式中,$\text{COUNT}(t)$为计数函数,$Q_{Pxmin}(t,i)$为t时段i状态下通航保证率为P_{min}(小于100%)时对应的下泄流量下限值,这里P_{min}取98%,$Q_{Px}(t,i)$为t时段i状态下通航保证率为P_x时对应的流量。

(2)约束条件

本方案主要考虑如下约束条件:

①水量平衡约束:

$$V(t+1,ii) = V(t,i) + Q(t) - Q_P(t,i) - W(t,i)$$

69

②水位约束:

$$Z_1 \leqslant Z(t,i) \leqslant Z_2$$

③电站引流量约束:

$$0 \leqslant Q_P(t,i) \leqslant Q_{Pmax}$$

为了保证航运基流,方案二优化调度的目标函数为枢纽下游通过航保证率最高,建立模型时要求水库在枯水期按不小于下游航运基流调度,为保证下游河段不发生船舶搁浅、航道阻塞,大规模堵塞事件,考虑了以下几点因素:

a. 根据《湘江 2000 吨级航道建设工程一期工程(株洲—城陵矶)初步设计》文件,长沙枢纽以下航道最低通航水位采用多年历时保证率 98% 水位,相应长沙枢纽坝址流量为 $385m^3/s$,因此,要求长沙枢纽下泄流量一般不应该小于 $385m^3/s$。

b. 枯水期水库来水径流很小,出库流量有时小于航运基流,这就需要水库尽可能的提前蓄水,以保障下游航道通航水深。

c. 根据分析若只考虑提高下游通航保证率为目标函数,坝前最低水位可降至 28.4m。当来流量小于 $385m^3/s$ 且坝前水位大于 28.4m 时,水库可加大出流量对下游进行补水,直至水位降至 28.4m,以保证航运基流。当来流量小于 $385m^3/s$ 且库区水位已降至 28.4m 时,为使水库下泄流量不小于上游天然来流量,采取下泄流量等于来流量的调度方式。即: $Q < 4000m^3/s$ 时,$Z_1 = 28.4m$,$Z_2 = 29.7m$;$Q \geqslant 4000m^3/s$ 时,泄水闸敞泄。

d. 通过对方案一选取的各典型年日均径流资料分析,可见除 1963 年历史最枯年日均流量出现小于航运基流 $385m^3/s$ 的情况外,其他年份日均流量均可满足航运基流要求。因此,方案二主要选取历史最枯典型年 1963 年进行调度方案优化研究。

6.3.2 模型求解和结果分析

以提高下游通航保证率最大为目标时,历史最枯典型年(1963 年)水库优化调度与设计调度方案的计算结果对比见表 6.3-1 和图 6.3-1。

历史最枯典型年优化方案与设计方案对比(通航保证率最大)　　表 6.3-1

对比方案	满足航运基流的天数(d)	不满足航运基流的天数(d)	通航保证率(%)
优化方案	285	80	78.08
设计方案	263	102	72.05
变化量	22	−22	0.0603
变化率(%)	8.37	−21.57	8.37

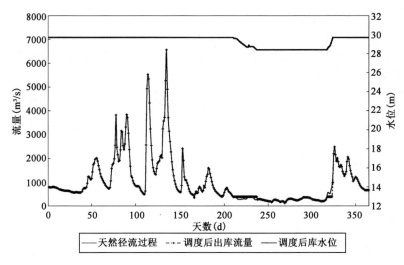

图 6.3-1 历史最枯年(1963 年)调度图(方案二)

由调度结果可见,历史最枯年(1963 年)年内通航保证率由原来的 72.05%
提高到了 78.08%。

对比调度前后的以保证通航保证率最大为目标时,水库运行调度方案遵循
了以下基本原则(以 1963 年第 210 天至第 326 天为例):

通过调度,第 211 天,水库出流由 $355m^3/s$ 变为 $385m^3/s$,满足了 98% 的航
运基流。其中,加大下泄的流量来自于水库库容的调节,即此时库容由 6.75 亿 m^3
减少到 6.724 亿 m^3。同理第 212 天,水库出流量由 $356m^3/s$ 变为 $385m^3/s$,满足
了 98% 的航运基流。其中,加大下泄的流量亦来自于水库库容的调节,即此时
库容由 6.724 亿 m^3 减少到 6.699 亿 m^3。以此方式一直保证出库流量为 $385m^3/s$
直到第 265 天,此时库区水位为 24.04m 接近水位约束下限值。从第 266 天至第
317 天,来流小于 $385m^3/s$,为使水库下泄流量不小于上游天然来流量,采取下泄
流量等于来流量的调度方式。此后,第 318 天来流又开始大于 $385m^3/s$,水库开
始蓄水(仅以 $385m^3/s$ 下泄),至第 326 天,库水位恢复至 29.70m,相应地库容恢
复至 6.75 亿 m^3。可见,水库调度是经过蓄水、放水、再蓄水、再放水……的方式
来增加满足航运基流的天数。

6.4 长沙综合枢纽水库多目标调度决策与方案研究

6.4.1 模型建立

下游通航保证率和发电量最大是本书水库优化调度的两个主要功能指标,

两者有一定的联系,并不是完全对立的。发电不仅与流量有关还与上下游水位差有关,最好的通航方案未必是最好的发电方案。把多目标问题转化为一个或一系列单目标的问题,而把后者求出的解,就当作多目标优化问题的一个解是求解多目标问题的一种有效方法。所以,本书研究采用"化多为少法",将发电量最大作为目标函数,增加通航保证率为约束条件,采用动态规划法求解(方案三)。

(1)目标函数

以年发电量最大作为目标,目标函数可写成:

$$f_2 = \max_i \sum_{t=1}^{T} N(t,i) \cdot \Delta t$$

(2)约束条件

主要考虑如下约束条件:

①水量平衡约束:

$$V(t+1,ii) = V(t,i) + Q(t) - Q_P(t,i) - W(t,i)$$

②下泄流量约束:

$$Q_{Px}(t,i) \geqslant Q(t)$$

水位约束、水轮机水头约束、水轮机出力约束与方案一相同。

与方案一相比,当来流量小于 $385\text{m}^3/\text{s}$ 且库区水位大于 29.0m 时,水库可加大出流量直至库区水位为 29.0m 以保证航运基流。当来流量小于 $385\text{m}^3/\text{s}$ 且库区水位等于 29.0m 时,水库下泄流量不应小于上游天然来流量,水库逐渐蓄水,以调节日后的出流量来满足航运基流量为 $385\text{m}^3/\text{s}$。

6.4.2 模型求解和结果分析

运用上述调度模型进行求解时,与方案一相比主要区别在于当上游来流量出现小于 $385\text{m}^3/\text{s}$ 的情况,为此,本方案选用了历史最枯典型年(1963 年)进行研究。

将提高下游航道通航保证率作为约束条件之一,以发电量最大为目标时,历史最枯典型年(1963 年)水库优化调度与设计调度方案的计算结果对比见表 6.4-1 和图 6.4-1。

由调度结果可见,该年通航保证率由原来的 72.05% 提高到了 75.62%;累计发电量约为 2.5081 亿 kW·h,与设计调度方案的 2.5331 亿 kW·h 相比仅减少约 0.988%。

历史最枯典型年优化方案与设计方案对比　　　　　　表 6.4-1

（发电量及通航保证率综合最大）

对比方案	满足航运基流的天数 （d）	不满足航运基流的天数 （d）	通航保证率 （%）	总发电量 （亿 kW·h）
优化方案	276	89	75.62	2.5081
设计方案	263	102	72.05	2.5332
变化量	13	−13	0.0357	−0.0251
变化率(%)	4.94	−12.75	4.95	−0.988

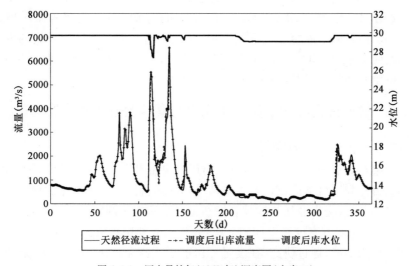

图 6.4-1　历史最枯年(1963 年)调度图(方案三)

该方案水库运行调度方案遵循了以下基本原则（以第 211 天至第 322 天为例）：

通过调度，从第 211 天开始，水库出流量由 355m³/s 变为 385m³/s，满足航运基流量。其中，加大下泄的流量来自于水库库容的调节，即此时水库库容由 6.75 亿 m³ 减少到 6.724 亿 m³。同理第 212 天，水库出流量由 356m³/s 变为 385m³/s，满足航运基流量。其中，加大下泄的流量亦来自于水库库容的调节，即此时水库库容由 6.724 亿 m³ 减少到 6.699 亿 m³。以此方式一直保证出库流量为 385m³/s 直到第 220 天，此时库区水位为 29.08m 接近水位约束下限值。

从第 221 天至第 226 天，来流量虽小于 385m³/s，但库区水位已达下限值，为使水库下泄流量不小于上游天然来流量，水库采取来流量等于下泄流量的调度方式。从第 227 天至第 232 天，来流量均大于 385m³/s，此时维持下泄流量为 385m³/s，多余的来流量蓄至水库中，以调节日后的出流量来满足航运基流。第 233 天，来流量小于 385m³/s，但以 385m³/s 下泄后库区水位降至 29.07m，仍大于水位约束下限值。从第 234 天至第 317 天，因来流量小于 385m³/s，为使水库下泄流量不小于上游天然来流量，水库采取来流量等于下泄流量的调度方式。从第 318 天至第 322 天，来流量逐渐增大，且大于 385m³/s，此时水库均保持下泄流量为 385m³/s，多余的来流量蓄至水库中，使库区水位逐渐恢复至 29.7m。此后，来流均大于 385m³/s，保证了航运基流。

可见，在历史最枯年(1963 年)，天然状态下从第 211 天至第 226 天及从第 233 天至第 317 天，航道均无法满足 385m³/s 的航运基流。为保障下游航运基流需运用水库可调节库容加大下泄流量，在此调度过程中需损失一定的发电效益，同时，应考虑 $Q < 4000m^3/s$ 时，枢纽上游水位均应大于 29.0m 这一约束。对于该年份中其他时段，调度原则与方案一相同。

6.5 长沙综合枢纽水库优化调度方案综合分析及建议

6.5.1 优化调度方案综合分析

通过第 6.2 节、6.3 节、6.4 节分别对以发电量最大为目标、以提高下游通航保证率为目标和综合考虑航运与发电两种情况为目标的三种水库优化调度模型计算结果的分析，提出湘江长沙综合枢纽工程水库优化调度方案如下：

(1)设计调度方案没有设计调节库容，为充分利用水资源，发挥长沙综合枢纽的综合利用功能，通过研究，在满足库区航道水深条件下，可设置一定的调节库容，即蓄水位可在 29.7～29.0m 范围内变动。

(2)以发电量最大为调度目标时，优化调度主要从增加电站可发电天数和减少弃水两方面开展，前者是利用可调节库容，结合水情预报系统预报的来流量，提前加大出库流量，腾空一定的库容，而后减小下泄流量，使后续本应停机敞泄的流量减小为可发电流量，相应增加了可发电天数和发电量；后者是充分利用径流过程大于机组满发流量后的弃水流量，在来流量逐渐加大的过程，提前加大机组发电流量腾库容，利用后续本应弃水的流量使水库回蓄至正常蓄水位，提高水量利用率和发电量。

(3)以提高下游通航保证率为目标时，为保障上游来流量小于设计最小通航流量时，有足够的调节库容以增加下泄流量而提高通航保证率，来流量大于设计最小通航流量时，枢纽上游水位应尽量维持在正常蓄水位运行；优化调度中还应考虑枢纽上游水位应大于 28.4m(长沙综合枢纽开闸预泄流量对应坝前水位)这一约束条件。

(4)以提高下游通航保证率和发电量最大为目标时,属多目标优化,在调度过程中应考虑各目标的主次。采用"化多为少法",将发电量最大作为目标函数,将提高下游通航保证率作为约束条件之一,优化调度计算中出现上游来流量小于设计最小通航流量时,通过增加下泄流量、降低库水位损失部分部分发电效益来提高下游通航保证率。

(5)不同典型年水库优化调度运行方式,主要取决于径流变化过程,径流过程中洪水流量不大、出现次数较多,年内中枯水流量较多、在机组满发流量($1806m^3/s$)附近逐日来水量变化较大,可供调度的天数较多,增加发电量较多;反之,可供调度的天数少,增加发电量有限。

(6)通过对各方案调度结果分析可知:调度方案一,历史最枯年(1963年)枯、中、丰水典型年优化调度后累计发电量分别提高0.392%、0.441%、1.21%、0.958%;方案二,历史最枯年(1963年)年内通航保证率由原来的72.05%提高到78.08%;方案三,历史最枯年(1963年)年内通航保证率由原来的72.05%提高到75.62%,累计发电量减少0.988%。

水库调度方案是一个操作性很强的工作规程,运用时要直观、准确、明了,建议在确保基本原则的基础上,逐步综合各种制约因素,通过不断摸索总结,使之不断改进完善,尤其要重视以下几个方面:

(1)调度原则。水库调度涉及的方面很多,如枢纽水工建筑物、泄水闸门、启闭系统、入库流量、通航水流条件、电站发电等,有些方面还是矛盾的,比如泄水与发电、蓄水与库区淹没等。全面的看,确保库区、大坝、通航和下游安全是水库调度的前提,提高通航保证率和发电效益是目的,要能准确地体现水库调度的职责所在和各种因素的关系,并能以此为依据,开展水库调度。

(2)有了调度的总原则,就应制定具体的控制标准,保证"前提"的实现。坝前水位、库区淹没补偿线、泄洪能力、闸门开启的高度和孔数、下游水位变化幅度及洪水入库传播的时间、闸门启闭对库区水位的影响等,都是水库调度应该准确控制掌握的标准。当变量因素随不同入库流量到来时,找出水库预泄的提前量,才能有效实现水库调度的前提要求。

(3)为实现控制和满足水库的调度要求,还应注意洪水入库及闸门泄流,水流传播的时间及相应水位变化的规律,并绘制成库区水面曲线,才能及时测报水位。还应最大限度地控制库区水位不超过淹没补偿线,校核泄水闸门的实际泄水能力和预泄拦尾的提前时间量,掌握洪水传播速度,尽可能保持库区高水位(以提供最大发电水头和提高通航保证率)。根据建立的入库流量、洪水传播的时间、预泄的时间和提前量的关系,当一定入库流量到来之前,只要把库前水位控制在某一标准,就能确保库区、大坝下游的安全,同时应保证库内最大的容量,从而实现提高通航保证率和增加发电量的目的。

6.5.2　建议

（1）长沙综合枢纽开展的水库运行调度研究属于水电站中短期优化调度运行方式的研究,为进一步挖掘增发电量,建议开展水电厂内经济运行研究,即研究用最小的流量发足系统要求给定的所需功率,研究场内工作机组的最优台数、组合及启停次序,机组间负荷的最优分配,厂内最优方式的制定和实施等。

（2）由于长沙综合枢纽工程可调节库容较小,为进一步发挥工程的综合效益,应结合湘江干、支流已建的枢纽工程,开展梯级水库群优化调度研究。

6.6　研究解决的关键技术问题

本书研究除满足长沙综合枢纽工程项目建设及运行的需求外,还解决了以下关键技术问题:

关键技术之一,洪水敞泄低水头径流水电站,枢纽建成后在不抬高库区洪水位和不影响上一级船闸通航约束条件下水库优化调度方法。

长沙综合枢纽工程属低水头径流式水电站、槽蓄式水库,洪水调度为泄水闸全部敞泄,水库回水在坝前尖灭,基本恢复到天然情况;兴利调度根据上游来流量及枢纽上下游水位差进行电站与泄水闸不同开启方式的组合调度,水库正常蓄水位为 29.7m,保证枯水期水位与上游株洲枢纽船闸下游衔接。考虑到上述约束条件,水库优化调度以蓄水期库区控制断面处水位不高于该处淹没补偿线对应的水位为控制条件,采用适当提高机组停机流量（开闸预泄流量）、降低坝前水位的优化调度方法,使枢纽工程综合效益最大化。

关键技术之二,库区无洪水调节库容（死水位与正常水位为同一水位,下同）的航运枢纽,以发电量最大为目标的水库优化调度数学模型的建立与求解。

在确保水库运用安全的前提下,建立了目标函数为: $f_1 = \max \sum_i \sum_{t=1}^{365} N(t,i) \cdot \Delta t$ 的优化调度数学模型。模型求解主要从增加电站可发电天数和减少弃水两方面开展,前者是利用中枯水可调节库容,结合水情预报系统预报的来流量,提前加大出库流量,腾空一定的库容,而后减小下泄流量,使后续本应停机敞泄的流量减小为可发电流量,相应增加了可发电天数和发电量;后者是充分利用径流过程大于机组满发流量后的弃水流量,在来流量逐渐加大的过程,提前加大机组发电流量腾库容,利用后续本应弃水的流量使水库回蓄至正常蓄水位,提高水量利用率和发电量。

关键技术之三,库区无洪水调节库容航运枢纽,以提高特枯水文年通航保证率为目标的水库优化调度数学模型的建立与求解。

优化调度数学模型目标函数为:$f_2 = \max \left[\text{COUNT}(t) \right]$;$t \in \{ Q_{Px}(t,i) \geq Q_{Pxmin}(t,i) \}$。模型求解时,为保障上游来流量小于设计最小通航流量时有足够的调节库容以增加下泄流量而提高通航保证率,来流量大于设计最小通航流量时,枢纽上游水位应尽量维持在正常蓄水位运行。枯水季节应采用通航破坏历时最短优化调度方式,并结合枯水季径流预报、枯水流量过程等因素进行通航优化调度。

关键技术之四,库区无洪水调节库容航运枢纽,实现防洪、发电、通航效益最大化,水库优化调度数学模型的建立、求解与典型年优化调度方案。

优化调度数学模型目标函数为:$f_3 = \max \sum_{i} \sum_{t=1}^{T} N(t,i) \cdot \Delta t$,$T$ 为保证航运基流后,满足长沙综合枢纽发电条件的电站运行天数。在兼顾库区防洪、保证城市用水后,长沙枢纽下游通航保证率和发电量最大是优化调度的主要功能指标,属多目标优化调度,采用"化多为少法",将发电量最大作为目标函数,将提高下游通航保证率作为约束条件之一,优化调度求解中出现上游来流量小于设计最小通航流量时,通过增加下泄流量、降低库水位损失部分发电效益以提高下游通航保证率。历史特枯年年内通航保证率由原来的 72.05% 提高到 75.62%,累计发电量减少 0.988%,仅牺牲小部分发电效益,便可显著提高枢纽下游的航运保证率,从而更好地实现长沙综合枢纽综合效益最大化。

第7章 水库调度技术的展望

随着我国水电站水库的大力建设,进一步优化水库调度技术,对于提高流域的运行管理水平,促进水电站水库的防洪、发电、航运、供水等综合效益的充分发挥以及贯彻和实施国家的"节能减排"政策等具有重要的理论意义和实际应用价值。

水库优化调度技术是一个多目标、大规模、较复杂的系统工程,国内外学者已做了大量研究,但目前仍是研究的热点和难点。基于目前的研究,本书作者认为尚存在一些问题需进一步深入研究和探讨:

(1)水库调度中的不确定性问题研究

水库调度中伴随着大量的不确定性因素,包括研究对象发生与否的不确定性[即随机性,这里主要是指天然径流过程的不确定性、研究对象概念的不确定性(模糊性)]、研究对象信息量不充分而出现的不确定性(灰色性)等。人们对水库调度不确定性问题的研究主要集中在对径流随机性的处理和不确定决策方面。

目前对径流随机性的处理主要有以下几种方法:

①将径流过程描述为某种类型的随机过程,然后建立优化调度的随机模型,即显随机优化。其优点是可直接给出水库调度的运行策略,但对多库系统存在"维数灾"。

②利用实测或生成的长径流序列,用确定型模型求决策过程最优解,通过回归径流序列、决策序列和状态序列,寻找水库调度函数,即隐随机优化。

③将径流描述成马氏过程,目前主要将其描述成不连续的简单马氏过程,这种处理往往可以较好地反映短期效应,而长期效应则难以考虑。

正是由于考虑到水库随机调度时具有的高度复杂性和不确定性,因此研究适合在水库随机调度中应用的理论具有一定的价值。

(2)基于规则的优化调度方法研究

基于规则提取的模型主要是利用模糊系统、数据挖掘等对大量确定和非确定性数据进行聚类分析、非线性映射关系分析以及逻辑关联分析等,寻找有用的知识规则,更好地为决策服务。水库调度是实践性、实时性很强的决策过程,从大量的历史信息中提取专家的知识和经验,抽象概化成具有实际意义的指导规则,对实现水库调度决策的智能化具有重要意义。

(3)水库调度中的多目标问题研究

多目标问题是现代决策科学的一个核心内容,随着水库的规模化、流域化以及功能的综合化,水库调度决策中的多目标决策问题已经引起了专家学者的重视。在现代水库调度决策过程中,必须综合考虑发电、航运、生态以及环境等多种目标,既要考虑经济效益又要兼顾社会和环境效益,同时还要考虑决策者的偏好要求。因此传统的单目标优化与决策的方法已经不能适应新时期水库调度的要求,必须寻求多目标之间协调、统一的发展模式。

(4)高新技术应用研究

在水库调度方面大规模、高强度地应用信息技术、全球定位系统、地理信息系统、遥感技术、计算机决策支持系统以及虚拟现实技术等高新技术,可以更好地实现调度决策的科学化、智能化、敏捷化,进一步提升调度决策的技术水平,使水库调度朝着可视、交互、智能、集成化的方向发展。

参 考 文 献

［1］ 李钰心.水资源系统运行调度［M］.北京:中国水利水电出版社,1996:
86-157.

［2］ 潘理中,芮孝芳.水电站水库优化调度研究的若干进展［J］.水文,1999,
(6):37-40.

［3］ Little J. D. C. , The use of storage water in a hydroelectric system［J］. Oper.
Res. ,1995(3):187-197.

［4］ Gassford J. , S. Karlin. Optimal policy for hydroelectric operations,in studies
in the mathematical Theory of inventory and Production［D］. Cailf. ,Stamford U-
niversity,1958:179-200.

［5］ Aslew A. J. Optimum reservoir operation policies and the imposition of reliabil-
ity constraint［J］. Water Resour. Res. ,1974,10(6):1099-1106.

［6］ Rossman A. L. , Reliability constraint dynamic programming and randomized re-
lease rules in reservoir management［J］. Water Resour. Res. ,1977,13(2):
247-255.

［7］ Loucks D. P. Some comments on linear decision rules and chance constraints
［J］. Water Resour. Res. , 1970,6(2):668-671.

［8］ Buther W. S. , Stochastic dynamic programming for optimum reservoir operation
［J］.Water Resour. Bull. , 1971,7(1):115-123.

［9］ 谭维炎,黄守信.应用随机动态规划进行水电站水库的优化调度［J］.水利
学报,1982(7):1-7.

［10］ 张勇传,雄斯毅.柘溪水电站水库优化调度［C］.优化理论在水库调度中的
应用.长沙:湖南科学技术出版社,1985:1-4.

［11］ 施熙灿,林翔岳,梁青福,等.考虑保证率约束的马氏决策规划在水电站水
库优化调度中的应用［J］.水力发电学报,1982(2):13-23.

［12］ 李爱玲.梯级水电站水库群兴利随机优化调度数学模型与方法研究［J］.
水利学报,1998,(5): 71-74.

［13］ 王金文,王仁权,张勇传,等.逐次逼近随机动态规划及库群优化调度研究
［J］.人民长江,200,33 (11):45-47,54.

［14］ Huang WC,Yuan LC,Lee CM. Linking Genetic algorithms with stochastic dynamic programming to the long-term operation of a multireservoir system[J]. Water Resour. Res. ,2002,38(12):40-49.

[15] 刘涵.水库优化调度新方法研究[D].西安:西安理工大学,2006:45-80.

[16] Dorfman R. , The multi-structure approach in design of water resource systems [M]. Harvard University Press. 1962.

[17] Windsor J. S. Optimization model for reservoir flood control[J]. Water Resour. Res. ,1973,9(5):1103-1114.

[18] Needham J. , Watkins D. ,etc.. Linear programming for flood control in the Iowa and Des Moines river[J]. Journal of Water Resour. Plng. & Manag,2000, 126(3):118-127.

[19] Barros M. , Tsai F. ,etc.. Optimization of Large-scale hydropower system operations[J]. Journal of Water Resour. Plng. & Manag,, 2003, 129(3): 178-188.

[20] Peng C. S. , Buras N.. Practical estimation of inflow into multireservoir system [J]. Journal of Water Resour. Plng. & Manag,2000,126(5):35-40.

[21] 李寿声,彭世彰.多种水源联合运用非线性规划灌溉模型[J].水利学报, 1986,(6):11-19.

[22] 张玉新,冯尚友.多维决策的多目标动态规划及其应用[J].水利学报, 1986,(7):1-10.

[23] 张玉新,冯尚友.多目标动态规划逐次迭算法[J].武汉水利电力学院学报,1988,(6):73-81.

[24] Jacobsen H. , Mayne Q.. Differential dynamic programming[M]. New York, Elsevier,1970.

[25] Larson R.. State increment dynamic programming[M]. New York, Elsevier, 1968.

[26] Hiedari M. ,Chow V. ,etc.. Discrete differential dynamic programming approach to water resources systems optimization[J]. Water Resour. Res. ,1971,7(2): 273-282.

[27] Turgeon A.. Optimal short-term hydro scheduling from the principle of progressive optimality[J], Water Resour. Res. ,1981,17(3):481-486.

[28] 方洪远,王浩,程吉林.初始轨迹对逐步优化算法收敛性的影响[J].水利学报,2002,(11):27-30.

[29] 徐慧,欣金彪,徐时进,等.淮河流域大型水库联合优化调度的动态规划模

型[J].水文,2000,20(1):22-25.

[30] 毛睿,黄刘生,徐大杰.淮河中上游库群联合优化调度算法及并行实现[J].小型微型计算机系统,2000,21(6):603-607.

[31] Chang FJ,Hui SC,Chen YC. Reservoir operation using grey fuzzy stochastic dynamic programming[J]. Hydrological Process,2002,16(12):2395-2408.

[32] 周晓阳,张勇传,马寅午.水库系统的辨识型优化调度方法[J].水力发电学报,2000,(2):74-86.

[33] 张双虎,黄强,孙廷容.基于并行组合模拟退火算法的水电站优化调度研究[J].水力发电学报,2004,23(4):16-19.

[34] 徐刚,马光文,梁武湖,等.蚁群算法在水库优化调度中的应用[J].水科学进展,2005,16(3):397-400.

[35] 武新宇.不确定环境下水电系统多维优化理论和应用[D].大连:大连理工大学,2006,86-93.

[36] Labadie J.. Generalized Dynamic Programming Package CSUDP: Documentation and User Guide, Version 3.2a, Dep. of Civ. And Environ. Eng., Colo. State., 2003, Ft. Collins.

[37] 王金文,袁晓辉,张勇传.随机动态规划在三峡梯级长期发电优化调度中的应用[J].电力自动化设备.2002,22(8):54-56.

[38] 汤斌,刘健民,仲伟俊.水电站水库优化调度的随机动态规划方法[J].东南大学学报.1998,28(2):130-136.

[39] 吴爱华,周建中,陶东兵,等.水库优化调度中随机动态规划方法的研究与应用[J].计算机仿真.2003,20(10):39-42.

[40] 纪昌明,冯尚友.可逆性随机动态规划模型及其在库群优化运行中的应用[J].武汉大学学报(工学版).1993,(3).

[41] 徐鼎甲,戴国瑞,邓纪德,等.用双向惩罚系数随机动态规划进行综合利用水库优化调度[J].水利学报.1993,(10).

[42] 陈守煜,邱林.水资源系统多目标模糊优选随机动态规划及实例[J].水利学报.1993,(8).

[43] 林峰,戴国瑞.库群优化调度的随机动态规划参数迭代法[J].武汉大学学报(工学版).1989,(4).

[44] 廖伯书,张勇传.水库优化运行的随机多目标动态规划模型[J].水利学报.1989,(12):43-49.

[45] 问德溥.多维随机动态规划的参数迭代法及在库群调度中的应用[J].水

利学报.1986,(3):1-9.

[46] 董子敖.水库群调度与规划的优化理论和应用[M].山东:山东科学技术
出版社.1989,1:166-191.

[47] Jacobsen D. ,Mayne D.. Differential Dynamic Programming[M]. Elsevier.
New York,1970.

[48] 周明孙,树栋.遗传算法原理及应用[M].北京:国防工业出版社,2001.

[49] 陈国良,王熙法,庄镇泉,等.遗传算法及其应用[M].北京:人民邮电出版
社,1996.

[50] 解建仓,田峰巍,黄强,等.大系统分解协调算法在黄河干流水库联合调度
中的应用[J].西安理工大学学报.1998,14(1):1-5.

[51] Wen-Cheng Huang, Lun-Chin Yuan, Chi-Ming Lee. Linging genetic algo-
rithms with stochastic dynamic programming to the long-term operation of a
multi-reservoir system [J]. Water Resources Research. 2002,38(12):4-1 ~
4-9.

[52] 胡铁松.神经网络与水文水资源——水文预报与水库调度的神经网络理
论与应用研究[D].成都:成都科技大学土木水利博士后流动站.1995.

[53] 邱林,陈守煜.水电站水库实时优化调度模型及其应用[J].水利学报.
1997,(3):74-77.

[54] 谷长叶,武夏宁,胡铁松,等.自优化模拟技术在水库兴利调度中的应用
[J].中国农村水利水电.2004,(5):28-30.

[55] 陈毕胜,李承军.双决策变量法在水电站优化调度中的应用[J].水资源与
水工程学报.2004,15(3):62-64.

[56] 宋星光,夏利民.基于Bagging算法的水库水沙联合智能调度[J].计算机
工程与应用.2004,(25):218-219,232.

[57] 连加裕,吴晓黎,伍永刚.三峡梯级水库调度仿真及实现[J].水利水电科
技进展.2004,24(2):9-11.

[58] 陈毕胜,李承军.水库长期优化调度发电效益最大模型探讨[J].水电能源
科学.2004,22(3):51-52,60.

[59] 钟炜,韩松,冯平,等.龙羊峡水电站运行调度问题的分析研究[J].水电能
源科学.2004,22(2):36-38,82.

[60] 郭天恩,孙西欢,周玉珍.水库(群)优化调度规划模型研究评述[J].西北
水资源与水工程.1995,6(1):20-23,31.

[61] Upmane Lall, Graig W. Miller. An Optimization Model for Screening Multi-

purpose Reservoir Systems [J]. Water Resources Research. 1988,24(7): 953-968.

[62] George Kuczera. Fast Multireservoir Multiperiod Linear Programming Models [J]. Water Resources Research. 1989,25(2):169-176.

[63] T. R. Ginn, Mark H. Houck. Calibration of an Objective Function for the Optimization of Real-Time Reservoir Operations [J]. Water Resources Research. 1989,25(4):591-603.

[64] K. K. Reznicek, S. P. Simonovic. An Improved Algorithm for Hydropower Optimization [J]. Water Resources Research. 1990,26(2):189-198.

[65] Jerson Kelman, Jery R. Stedinger. Sampling Stochastic Dynamic Programming Applied to Reservoir Operation [J]. Water Resources Research. 1990,26 (3):447-454.

[66] Dennis McLaughlin, Horacio L. Velasco. Real-time Control of a System of Large Hydropower Reservoirs [J]. Water Resources Research. 1990, 26 (4): 623-635.

[67] Demetris Koutsoyiannis, Athanasia Economou. Evaluation of the parameterization-simulation-optimization approach for the control of reservoir systems [J]. Water Resources Research. 2003, 39(6):2-1 ~ 2-17.